本书研究工作得到国家自然科学基金（项目号71371128）的资助

交通运输行业博士文库

jiaotong ruoshiqunti chengshi daolu jiaotong shigu fengxian fenxi yu yufang duice

交通弱势群体城市道路交通事故风险分析与预防对策

缪明月◎著

人民交通出版社股份有限公司
China Communications Press Co.,Ltd.

内容提要

本书以大量调研数据为基础，分析了非机动车驾驶人和步行者等交通弱势群体发生交通事故的风险，建立了基于交通参与者行为研究的事故风险微观模型及基于交通流理论的宏观模型，综合运用规划设计、工程改造以及法律制度三方面的手段，全方位地总结研究了交通弱势群体安全对策与评价方法，为交通事故评价和分析提供了必要的理论和模型工具，为事故风险和预防实践工作提供了参考和范例。

本书可供从事道路交通安全研究、设计、管理等相关工作的人员阅读参考。

图书在版编目（CIP）数据

交通弱势群体城市道路交通事故风险分析与预防对策/缪明月著. —北京：人民交通出版社股份有限公司，2014.10

ISBN 978-7-114-11813-5

Ⅰ. ①交… Ⅱ. ①缪… Ⅲ. ①城市道路－交通运输事故－风险分析②城市道路－交通运输事故－风险管理 Ⅳ. ①U491.3

中国版本图书馆 CIP 数据核字（2014）第 248879 号

书　　名：交通弱势群体城市道路交通事故风险分析与预防对策
著 作 者：缪明月
责任编辑：何　亮　杨丽改
出版发行：人民交通出版社股份有限公司
地　　址：（100011）北京市朝阳区安定门外外馆斜街 3 号
网　　址：http://www.ccpress.com.cn
销售电话：（010）59757973
总 经 销：人民交通出版社股份有限公司发行部
经　　销：各地新华书店
印　　刷：化学工业出版社印刷厂
开　　本：880×1230　1/32
印　　张：6.375
字　　数：173 千
版　　次：2014 年 10 月　第 1 版
印　　次：2014 年 10 月　第 1 次印刷
书　　号：ISBN 978-7-114-11813-5
定　　价：20.00 元
（有印刷、装订质量问题的图书由本公司负责调换）

前　言

《交通弱势群体城市道路交通事故风险分析与预防对策》即将付梓之时，想起2007年9月也是在人民交通出版社出版了我的处女作：《平安出行，从心做起——道路交通出行险情预防手册》，不由百感交集。

编著《平安出行，从心做起——道路交通出行险情预防手册》期间，还在北京市公安局公安交通管理局工作的我，利用工作之便，收集了大量的数据资料，完成了上述著作。那时，我刚拿到中国社会科学学院法学所民商法学硕士学位，或许是性格使然，或许是寒窗苦读十余年养成的难以改变的习惯，抑或是对知识改变命运的憧憬，总是有进一步深造的渴求。下一步是继续研究法学，还是回归交通工程学的研究？当时，就这个问题我和多位师长、好友进行交流探讨。最终，我还是顺应了自己的想法——掌握更多的工程技术手段，研究、改善交通安全，于是选择北京工业大学交通研究中心攻读博士学位。

跨学科学习是艰辛的，数学、运筹学知识都要重新复习，经过一段时间的努力，我如愿考上了北京工业大学交通研究中心。陈艳艳教授是我在北京工业大学就读博士研究生的导师，目前任该校交通学院副院长。陈教授博学、宽容，对学术要求严格，她为人处世、研究学问的严谨态度与作风给了我很大启发。本书写著期间，我正在就读博士研究生，写作全过程都得到了陈教授的悉心指导，同时借鉴了一些与陈教授、王振华博士、孟虎博士等共同研究的成果，在此一并表示感谢。

本书只是以广大交通参与者为主要研究对象开展道路交通安全系统研究的初步成果。由于时间紧张、资料不足及水平有限，书中难免有不当之处，望同仁批评指正，以促进步。另外，从学术研究的角度看，本书有关交通弱势群体风险行为的量化分析，仍然可以通过加强原因机理分析、资料数据收集、概率测算等，开展更为细致、深入的研究，使得量化分级更为精确，从而更好地指导道路交通安全工作实践。希望未来有更多研究学者、实务人士参与其中，推进道路交通安全事业发展。

最后，感谢人民交通出版社王振军副社长、白峤主任、黄景宇副主任、何亮副主任对我在图书出版方面的支持与指导；感谢首都经济贸易大学刘业进副教授、谭善勇副教授、张堧同学以及城市经济与公共管理学院城市经济系、公共事业系全体同仁对本书出版的支持；同时本书还得到国家自然科学基金(项目号 71371128)的大力资助，谨在此一并致谢。

缪明月

2014 年 7 月 6 日

目　录

1 绪论

1.1 研究背景

1.1.1 交通事故形势严峻

随着机动化程度越来越高,我国道路交通事故处于高发态势。20 世纪 80 年代,美国道路交通事故万车死亡率平均约为 2.6 人/万车,日本为 1.9 人/万车[1],我国道路交通事故死亡率平均为 62.4 人/万车,是美国的 24 倍,是日本的 32.8 倍。1971—1996 年,国内道路交通事故死亡人数基本上每 5 年平均增加 1 万人。"八五"期间,我国的汽车保有量仅占世界的 2%,交通事故死亡人数却占世界的 14.3%,成为世界道路交通事故比较严重的国家之一。2002 年,我国道路交通事故年死亡人数比 1991 年增加了 5.6 万人,达到 10.9 万人,呈持续增长趋势。1991 年,我国平均每天发生道路交通事故 726 起,受伤 444 人,死亡 146 人;2000 年,平均每天发生道路交通事故 1690 起,受伤 1147 人,死亡 257 人;而到了 2002 年,平均每天发生道路交通事故 2118 起,受伤 1536 人,死亡 300 人,增长速度惊人。自 1987 年至 2002 年,全国道路交通事故死亡人数从 5.3 万人增长到 10.9 万人,受伤人数从 18.7 万人增长到 56.2 万人,10 万人口死亡率从 4.94 增长到 8.79[2]。而德国、意大利、瑞典、芬兰、丹麦、法国、日本等万车死亡率在 1.2 ~5.9 之间,10 万人口死亡率在 6.5 ~15.5 之间,与这些国家相比,我国的道路交通事故死亡率明显偏高。再者,我国道路交通事故死亡统计期限为事故发生后7日,而美国、英国、加拿大等国为事故发生后30日,统计标准存在差异。如果我国的道路交通事故统计期限与这些国家相同,我国的道路交通事故死亡人数和死亡率将会更高。

2004年以来,《中华人民共和国道路交通安全法》(以下简称《道路交通安全法》)出台并实施,加大了对各类交通违法行为的处罚力度,我国道路交通事故死亡人数开始逐年减少。2008年,我国共发生道路交通事故26万起,造成30.4万人受伤,7.3万人死亡,万车死亡率为4.3,直接财产损失10.1亿元。目前,我国道路交通事故年死亡人数已低于8万人,但无论是事故死亡总量还是万车死亡率依然处于高位,道路交通事故预防仍需加强。

1.1.2 城市交通弱势群体伤亡事故突出

进入21世纪,我国城市化进程迅速加快,城市规模不断扩大、机动车保有量迅猛增长已经成为经济社会发展的重要标志。机动车在方便人们出行的同时,也带来了严重的交通安全问题,导致交通事故频繁发生,严重危害人民群众的生命财产安全。因为行人和非机动车驾驶人缺少物理防护,在交通事故中更易受到严重伤害,所以被普遍认为是交通弱势群体。与公路、乡村道路比较,城市道路人车混行现象突出,涉及行人和非机动车的交通事故比例更高,本书着重研究城市道路交通弱势群体(以下简称"城市交通弱势群体")的交通安全问题。2004年《道路交通安全法》正式实施之后,交通事故死亡人数呈下降趋势,2005—2009年,北京道路交通事故死亡人数平均每年减少11%,但交通弱势群体死亡人数每年减少比率低于上述平均值,而且其死亡人数占道路交通事故死亡总人数比例一直处在高位。与2005年相比,2012年交通弱势群体死亡人数占交通事故总死亡人数的比例提高了将近10%,详见图1-1。同时交通弱势群体肇事率(交通弱势群体负同等责任以上事故占总事故起数的比率)出现持续上升态势,以2007年为例,交通弱势群体死亡人数比2006年下降了17.6%,肇事率却上升了2%,如果仅仅考虑交通弱势群体死亡事故,2007年因行人或非机动车驾驶人违反交通法规造成的自身死亡人数比 2006 年上升了 5%。由图 1-2 可以看出,按照不同交通出行方式,北京道路交通事故死亡人数由多及少排序分别是:行人、机动车驾驶人、非机动车驾驶人、乘车人。深入分析发现,仅行人死亡人数一项就接近小型客车驾驶人死亡人数的两倍,可见,交通弱势群体死亡人数非常突出。在城市中心区,交通弱势群体事故更为突出,北京二环内交通事故死亡者中,交通弱势群体比例达 80% 左右,此类交通事故大部分是由于交通弱势群体自身肇事导致的。

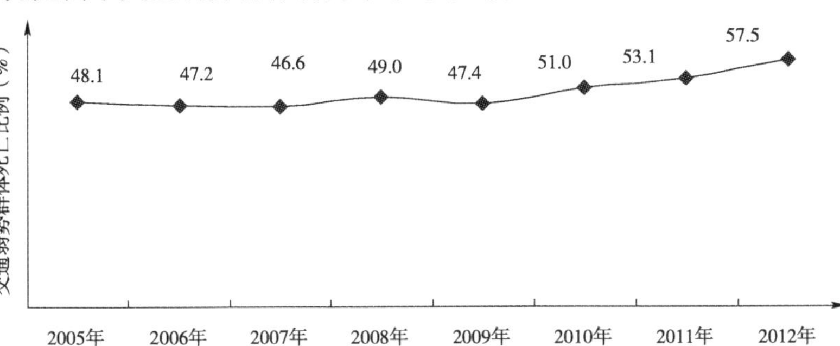

图 1-1　2005—2012 年北京交通弱势群体死亡比例情况

注:数据来源于北京市公安局公安交通管理局。

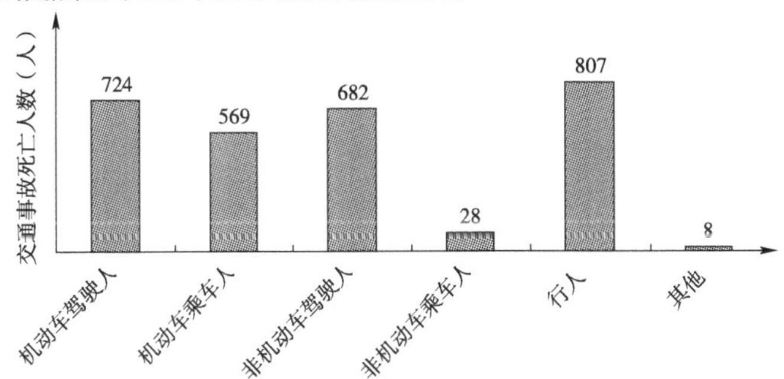

图 1-2　2010—2012 年按照出行方式区分的北京交通事故死亡情况

注:数据来源于北京市公安局公安交通管理局。

1.1.3　对城市交通弱势群体交通安全关注度不够

虽然当前我国道路交通弱势群体事故突出,交通事故死亡人数所占比较大,但由于城市道路交通拥堵严重,高速公路、国省道一次死亡多人的重特大事故频发，加之交通弱势群体事故发生相对分散、一次死亡人数较少，往往容易被管理者、媒体忽视，导致城市交通弱势群体安全问题得不到应有的关注，并暴露出种种问题。

（1）混合交通严重。骑自行车出行目前仍然是我国城市居民出行的主要方式之一，由于道路规划设计不合理、交通参与者交通守法意识薄弱等原因，混合交通成为各大城市交通的通病，尤其在城乡接合部，行人、自行车、机动车、畜力车各种交通方式混杂，乱插乱停现象严重，极易导致严重交通事故。

（2）过街设施不完善。北京等大城市道路面积普遍较宽，车流量较大，行人、非机动车过街危险程度较高。国内外交通管理经验表明，安全岛是保障交通弱势群体安全过街的重要设施。过街天桥、地下通道等立体过街设施是环路、封闭道路行人、非机动车驾驶人安全过街的必备设施。目前，我国上述设施的数量、密度及设计方法、设置地点的科学性与发达国家的城市还存在明显差距。

（3）交通规划、组织与设计不科学，没有充分确保行人、非机动车驾驶人安全。其中部分道路非机动车道宽度不合理、缺少非机动车道与行人过街设施、行人过街灯信号配时不合理等问题较为突出。

（4）交通安全宣传教育针对性差，法条式宣教仍然占主导地位，交通安全宣传教育远远没有实现全民教育、从小培养。

（5）道路交通安全立法、执法存在诸多问题。交通安全诸多相关法律中，作为相对弱者一方，行人和非机动车没有得到应有的保护；此外，执法不严也造成了行人便道、非机动车道被侵占等违法现象屡见不鲜。

特别需要指出的是，长期以来，由于官方事故统计表格设计本身存在缺陷，包括事故原因、事故种类的统计分析容易导致认识误区，最终影响科学决策。比较典型的就是关于非机动车、行人交通死亡人数的统计。官方统计的弱势群体交通事故死亡人数，事实上是非机动车或行人为责任方的交通事故死亡人数，所以比实际死亡人数小很多。由于统计数据的误导，保障城市行人和非机动车驾驶人通行权与优先权的立法不足、执法不严。

1.2 研究的目的和意义

1.2.1 减少交通弱势群体事故发生

减少交通事故伤亡,首先要降低事故发生的可能性,要实现这个目标,就必须找到事故发生的根本症结,科学分析事故发生的原因,并提出有针对性的预防对策。本书紧紧围绕这一目标,分析了大量交通弱势群体事故发生的根本原因,利用风险分析方法,找到与事故发生相关的种种风险,并联系交通安全管理实际,从宏观和微观两个方面,提出风险控制模型、方法和预防对策,以达到切实减少交通弱势群体事故发生的目标。

1.2.2 减轻交通弱势群体事故伤害程度

行人、非机动车驾驶人之所以被归为交通弱势群体,最主要的原因是他们在交通活动中由于自身缺乏防护,容易受到交通事故的伤害。轻微的剐蹭,发生在机动车与机动车之间或许就是一起很轻微的事故,但发生在机动车与行人或者非机动车之间,就可能造成人员伤亡,引发较严重的交通事故。因此,我们在尽力预防事故的同时,也必须积极采取措施,减轻交通弱势群体事故的伤害程度。本书通过总结大量事故资料,寻找交通弱势群体交通伤害规律,提出了有针对性的相关措施,有助于减轻交通弱势群体的事故伤害程度。

1.3 国内外研究综述

一般而言,风险是客观存在的损失的不确定性。因为风险客观存在,所以它是可以预测的。最初,风险理论多运用在经营管理、保险精算、流行病学等领域。法国学者莱曼在其 1928 年所著的《普通经营经济学》一书中,将风险定义为"损失发生的可能性"。

德国学者斯塔德勒也把风险定义为“影响给付或意外事故发生的可能性”。在小阿瑟·威廉姆斯和理查德·M·汉斯的著作《风险管理与保险》中,风险被定义为“在给定情况下和特定时间内,那些可能发生的结果之间的差异”[3]。后来,风险理论被应用到工业、建筑安全领域,一些学者和安全研究专家开始应用风险理论来研究道路交通安全问题。我国的何寿奎在综合考虑交通安全风险影响因素的前提下, 建立了安全风险评估指标体系,对安全事故风险进行综合评价,并进行实证分析[4];张国胜等人从灾害角度分析了决定道路交通事故的人、车、路等关联因素[5];陈庚等人运用风险理论对引发交通事故的原因进行了分析和辨识[6];赵震综合了风险管理理论,以北京市城市道路为例,从风险的概念入手,主要以叙述的方式研究了有关风险认知、沟通、评估等内容,并利用事故树的分析方法,开展了北京城市道路风险及风险管理研究[7]。

相对国内而言,国外利用风险理论研究事故比较早也更为深入。主要体现在以下几个方面:

(1)利用事故树分析事故发生原因,提出预防对策。事故树分析方法又称故障树法,英文为 Fault Tree Analysis,简称 FTA。这种方法最早是由美国贝尔电话公司的 H. A. 沃特和 A. A. 莫恩斯于 1962 年在逻辑树技术应用于系统安全研究时提出来的[8]。事故树分析的优点是既能找出引起事故的直接原因,又能揭示发生事故的潜在原因,并可用于事故的因果分析,进行系统的危险性评价、事故预测等,这些优点使得事故树分析法成为分析、预测和控制事故的有效方法。奥地利学者 Kohl B. 、Botshek K. 利用事故树的方法分解了隧道内交通事故发生的 14 个风险因素,并据此计算出了隧道内事故发生概率[9]。Eduardo A Vasconcellos [10],Maurizio Tira, Chiara Bresciani,Francesca Costa [11]and Reason, J. T. [12]的分析都涉及行人或者非机动车事故,但只是停留在中间层,而且不够全面,没有触及视线障碍、行人违法等基本事件。

(2)交通事故风险模型与控制。捷克人 Stodola Jiri[13]利用风险分析的基本理论研究了 1993—2001 年捷克的交通死亡事故,建立了简单的风险评价模型，通过对比欧洲其他国家，用水平线、理想线、平均线控制事故风险。韩国交通与环境研究院的 Ki-Joon Kim 与韩国交通学院 Jaehoon Sul 根据英联邦国家的事故数据，研究建立了交通事故风险预测的线性模型[14]，通过微观仿真以及冲突调查等方法，测算路口车辆减速率、车辆冲突数等 8 项指标，评价和控制具体路段、路口的事故风险。奥地利学者 Kohl B. 、Botshek K. [9]利用最原始的“风险程度 = 事故发生概率 × 事故严重程度”，代入各种风险因素，得到相应的风险程度，并以此进行风险控制与评价。印度加尔各答的 Sandip Chakraborty 和 Sudip K. Roy[15]根据本国近 10 年的事故数据，分别建立了死亡事故、伤人事故、一般事故的风险预测模型。美国俄克拉荷马州州立大学的 Miao M. Chong 等人[16]利用并比较了决策树、人工神经网络的方法，建立了交通伤亡风险预测模型，分析出三个对交通死亡事故产生重要影响的风险因素，分别是没有照明的车道、不使用安全带、酒后驾车。Persaud B. N. , Mucsi K. [17] Joshua S. , Garber N. [18]都建立了相应的事故风险预测或评估模型，但总体上与一般的事故预测模型基本相似。

(3)事故风险预防。国外很多专家，包括从事公共卫生研究的专家都从各自的领域出发，研究事故规律，查找风险因素，最后达到消除风险或斩断风险与事故发生因果链接的目的。事故风险预防的研究不同于一般事故预防研究，必须从事故发生的微观原因入手，对应找出现实中的各类风险，然后再针对各类风险，提出相应的措施，最后定性或定量地比较预防措施实施前后对事故发生概率的影响。Charles O. Bekibele 等人[19]对各种风险因素与交通事故发生的关系开展了深入的研究，推算出各种因素的影响概率，并提出了风险干预措施。Mohammad Hussain Khan 博士[20]，Brener N. D. 和 Collins J. L. [21]从公共卫生的角度研究了交通事故风险，通过在医院调查受害人，问询事故发生的原因、过程以及驾驶人服用药物的情况，寻找导致事故发生的真正原因，降低事故发生风险。Brener N. D. 与 Collins J. L. 重点研究了美国青少年的交通行为与事故风险的关系[22]。土耳其学者 Murat Sari 等人[23]研究了

2004—2005年发生在Denizli的1338起交通事故，分析了内在风险（年龄、性别、教育等导致的风险行为）和外在风险（比如天气、特定时间等）对于事故发生的影响，并提出了预防措施。Hejar[24]和David Whi[25]通过调查研究，分别研究马来西亚和英联邦国家的青少年事故，提出了增加安全带的使用和减少无证驾驶员驾驶的风险预防措施。A. H. Rafindadi[26]，Buser A[27]，Soyka M[28]；Weiler JM[29]，Burian SE[30]和Mills KC[31]都重点研究了酒精、药物与交通事故风险的关系，其中一些研究者针对自行车驾驶人、行人以及电动自行车驾驶人提出了一些交通安全保护措施。I. L. Wickramanayake等研究者[32]从风险行为入手，研究了酒后、无驾驶资格、不戴头盔、不系安全带与交通事故的关系。Hermann Nabi[33]，Connor J[34,35]，Lyznicki JM等[36]都从微观的角度研究了疲劳驾驶行为对交通事故的影响，提出了预防疲劳驾驶风险的方法和措施。荷兰学者K. L. L. Movig和M. P. M. Mathijssen[37]较系统地研究了与事故相关的一些风险因素，认为吸毒合并酒后开车是事故风险最高的行为。日本警察研究所Yasushi Nishida[38]研究了交通违法与交通事故的关系，研究结果显示高违法率预示高事故风险，他建议加大交通安全宣传教育力度，并增加数字对比的宣教内容。

纵观国内外交通事故风险的有关研究，没有发现专门以交通弱势群体交通安全作为研究对象，系统研究其交通事故风险的研究成果；在风险因素分析中，没能进入到交通弱势群体事故原因的深层，系统、量化地进行总结归纳；没有提供交通弱势群体事故风险控制宏观、微观模型；事故预防方面，多分散性地提出过一些措施，但缺乏系统性、针对性，没有对实施的措施与减少事故风险之间的必然联系进行研究论述。

1.4 主要研究思路及内容

本书从交通弱势群体时空分布特征、事故发生微观原因、风险理论、风险分析方法及城市交通弱势群体行为与心理特征五个方

面,分析了交通弱势群体交通事故风险,详见图 1-3。根据风险分析的结果,建立了交通弱势群体区域风险控制模型与交通弱势群体风险模型。利用上述模型实现风险控制,通过采取优化交通弱势群体道路安全设计等措施,切实降低交通弱势群体事故发生概率和减轻事故伤害程度。在分析风险和建立交通弱势群体风险模型时,遵循的基本理论和基本思路如图 1-4 所示。在确定风险预防措施的过程中,同样以“干预风险因素”和“减轻事故后果”两个方面为目标,提出有针对性且系统化的预防措施。

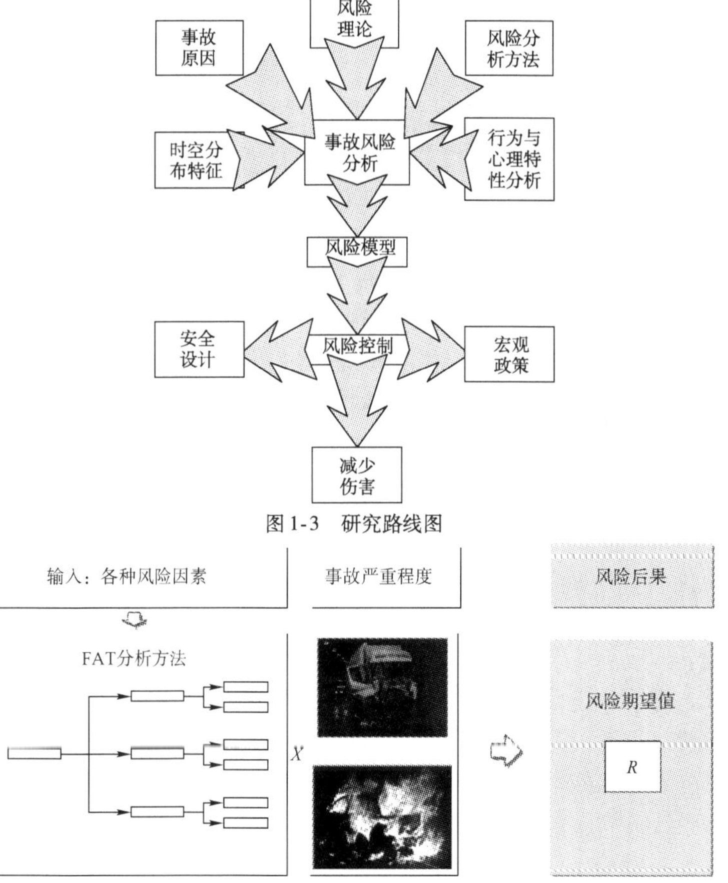

图 1-3 研究路线图

图 1-4 风险确定示意图

2 交通弱势群体的基本概念与事故分布概况

2.1 交通弱势群体的概念与范围

目前,对于交通弱势群体(或交通弱者)仍然有着很多不同的认识,争议主要集中于交通弱势群体的范围如何界定以及如何对他们保护。在法律层面上,针对《道路交通安全法》第76条衍生的“弱者定责”问题的争论尤为激烈。民事责任的依据并非来源于“保护弱者”,并不是说在道路交通中保护行人,保护弱者的原则就可以抛弃,机动车驾驶人的注意义务,来源于法律的要求[39]。可以进一步解读为:以法律对于行人、非机动车驾驶人、机动车驾驶人注意义务区别规定作为界定依据,划分交通弱势群体的范围,同时也解决了运用法律保护行人、非机动车驾驶人的一系列问题。另一方面,在交通工程、交通规划设计上,国内外都有人用交通弱势群体(Traffic Vulnerable Group,TVG)或者交通弱者(Traffic Vulnerable User,TVU)的概念,都不约而同地将其范围限定为“非机动车驾驶人、行人”。这是因为,在研究交通事故的过程中容易发现,缺少物理防护的行人和非机动车驾驶人受到交通伤害的数量、原因及规律具有相似性,行人和非机动车驾驶人顺理成章被普遍归为交通弱势群体。《道路交通安全法》附则定义非机动车是指以人力或者畜力驱动,上道路行驶的交通工具,以及具有动力装置驱动但设计最高时速、空气质量、外形尺寸符合有关国家标准的残疾人机动

轮椅车、电动自行车等交通工具。综上,交通弱势群体一般应包括所有非机动车驾驶人与行人。交通弱势群体事故是指交通事故主体涉及行人、非机动车驾驶人的所有交通事故。

考虑到研究需要,本书提及的交通弱势群体主要指自行车驾驶人、人力三轮车驾驶人、电动自行车驾驶人和行人,相关的统计数据若无特别说明,亦仅包括上述四项。本书研究的城市道路主要包括城市中心区、城乡接合部的街道、快速路等。

2.2 交通弱势群体事故概况

当前,道路交通安全已经成为一个世界性的社会问题,世界卫生组织指出:"道路交通伤害已成为一个重要的公共卫生和发展危机"[40]。20世纪90年代以后,我国道路交通事故逐年上升,进入了道路交通事故高发期。在20世纪50~60年代,全国交通事故死亡人数每年控制在万人甚至千人以内,20世纪70年代发展为1万~2万人。1984年后,事故死亡人数急剧上升,1988—1990年期间稍有回落。1991年以后,随着改革开放的深入,国家经济实力逐步增强,人民生活水平迅速提高,交通运输业迅速发展,机动车保有量急剧上升,道路交通事故数量、死亡人数和受伤人数随之迅速增长,道路交通安全形势十分严峻,详见表2-1。

1951—2012年全国道路交通事故情况 表2-1

年份	起数(涉及人员伤亡)	死亡人数	受伤人数	经济损失(元)	万车死亡率	10万人口死亡率
1951	5922	852	5159		137.64	0.15
1952	4702	675	4026		101.81	0.12
1953	8744	1200	7255		153.65	0.20
1954	8467	917	5762		102.46	0.15
1955	9249	955	5463		94.18	0.16
1956	11332	1126	6364		95.91	0.18

续上表

年份	起数（涉及人员伤亡）	死亡人数	受伤人数	经济损失（元）	万车死亡率	10万人口死亡率
1957	14980	1219	6789		96.75	0.19
1958	26938	3009	13259		174.33	0.46
1959	37126	4901	19038		232.61	0.73
1960	33634	5762	18637		257.46	0.87
1961	22358	4436	14355		184.83	0.67
1962	21238	3908	14879		157.58	0.58
1963	19212	2648	10789		101.34	0.38
1964	18157	2253	10490		81.60	0.32
1965	20967	2382	11949		79.53	0.33
1966	27367	3466	17639		102.18	0.46
1967	29264	5728	18517		172.48	0.75
1970	55437	9654	37128		227.63	1.16
1971	69975	11331	52119		229.19	1.33
1972	77465	11849	58738		205.21	1.36
1973	71192	13215	53827	37666779	196.45	1.48
1974	81672	15599	66498	44704449	198.51	1.72
1975	91606	16862	71776	51363635	183.86	1.82
1976	101878	19441	81908	55673377	156.62	2.07
1977	112222	20427	84779	62953015	145.45	2.15
1978	107251	19096	77471	56412909	120.20	1.98
1979	117848	21856	80855	53742835	119.62	2.24
1980	116692	21818	80824	49602939	104.47	2.21
1981	114679	22499	79546	50837376	95.85	2.25
1982	103777	22164	71385	48594796	85.32	2.81
1983	107758	23944	73957	58358392	84.35	2.33

续上表

年份	起数（涉及人员伤亡）	死亡人数	受伤人数	经济损失（元）	万车死亡率	10 万人口死亡率
1984	118886	25251	79865	73363944	42. 99	2. 43
1985	202394	40906	136829	158676425	62. 39	3. 89
1986	295136	50063	185785	240180000	61. 12	4. 70
1987	298147	53439	187399	279389380	50. 37	4. 94
1988	276071	54814	170598	308613669	46. 05	5. 00
1989	258030	50441	159002	335984528	38. 26	4. 54
1990	250297	49271	155072	363548114	33. 38	4. 31
1991	264817	53292	162019	428359749	32. 15	4. 60
1992	228278	58729	144264	644829636	30. 19	5. 00
1993	242343	63508	142251	999070121	27. 24	5. 36
1994	253537	66362	148817	1333827223	24. 26	5. 54
1995	271843	71494	159308	1522665624	22. 48	5. 90
1996	287685	73655	174447	1717685165	20. 41	6. 02
1997	304217	73861	190128	1846158453	17. 50	5. 97
1998	346129	78067	222721	1929514015	17. 30	6. 25
1999	412860	83529	286080	2124018089	15. 45	6. 82
2000	616971	93853	418721	2668903994	15. 60	7. 27
2001	754919	105930	546485	3087872586	15. 46	8. 51
2002	773137	109381	562074	3324381078	13. 71	8. 79
2003	667507	104372	494174	3370000000	10. 8	8. 08
2004	567753	99217	451810	2770000000	9. 2	8. 24
2005	450254	98738	469911	1880000000	7. 6	7. 60
2006	378781	89455	431139	1490000000	6. 2	6. 84
2007	327209	81649	380442	1200000000	5. 1	6. 21
2008	265204	73484	304919	1010000000	4. 3	5. 56

续上表

年份	起数（涉及人员伤亡）	死亡人数	受伤人数	经济损失（元）	万车死亡率	10 万人口死亡率
2009	238351	67759	275125	9120000000	3.6	5.10
2010	219521	65225	254075	930000000	3.2	4.89
2011	210812	62387	237421	1080000000	2.8	4.65
2012	204196	59997	224327	1174896013	2.5	4.45

注:数据来源于公安部交通管理局编写的《全国道路交通事故统计资料汇编》。

与公路交通事故死亡人数相比,城市道路交通事故死亡绝对数较少,前者是后者的 2.6 倍,见表 2-2。

2003—2009 年全国城市道路与公路交通事故死亡人数 表 2-2

年份	城市道路交通事故死亡人数	占总死亡人数比例	公路交通事故死亡人数	占总死亡人数比例
2003	23783	22.8%	80589	77.2%
2004	23992	22.4%	83085	77.6%
2005	22049	22.3%	76689	77.7%
2006	22178	24.8%	67277	75.2%
2007	21393	26.2%	60256	73.8%
2008	19680	26.8%	53804	73.2%
2009	18888	27.9%	48871	72.1%

注:数据来源于公安部交通管理局。

但目前公路里程是城市道路的 12 倍,这就意味着每百公里公路交通事故死亡人数仅为相同里程城市道路交通事故死亡人数的 1/5。此外,通过比较 2003—2009 年全国城市道路与公路交通事故死亡比例可以看出,在交通事故死亡总人数呈现下降趋势的大背景下,城市道路交通事故占总死亡人数的比例逐年上升,如图 2-1 所示。

显然由于城市车辆多、人口密度大,交通事故风险更为严重,加上我国尚处于城市化进程的初期，提高城市道路交通安全水平任重道远。

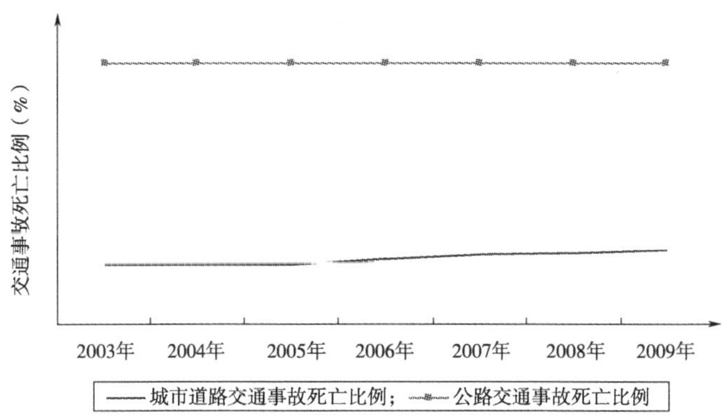

图 2-1　2003—2009 年全国城市道路与公路交通事故交通死亡比例比较

我国步行交通在城市总出行量中平均占 37%。在日本的东京、大阪、名古屋等城市的步行比例占全部交通总量的 25% 以上。美国比我国目前城市步行交通的比例低得多，但是在市中心地区、住宅区、商业区的比例比较大，商业区步行比例一般为 12% ~ 25%[41]。自行车是一种门到门的个体交通工具，它对道路无特殊要求，可以在道路和小巷内行驶，是短程代步工具，既可以连续骑行，单独完成出行活动，也可短途至公共交通站点，换乘公交车辆。由于它机动灵活，选择行驶线路的余地很大，遇交通受阻，可绕道行驶，比公交车辆在时间上有更大的保证。此外，自行车出行节省能源，没有空气污染，且有益身体健康，年龄的适应范围也较大。目前，上海的自行车总数将近 650 万辆，而北京已经突破了 900 万辆。尽管近年来北京市私人小汽车总量每年以较快的速度递增，但自行车仍是城市居民中短距离出行最主要的交通方式。由于基础设施建设难以满足交通需求讯速增长的需要，城市交通问题日益突出，如拥挤加剧，污染严重，秩序混乱，事故频发等，在城市交通系统中，行人、自行车驾驶人逐渐成了弱势群体，他们的安全状况令人担忧。另一方面，交通弱势群体没有接受过系统的交通法规及交通安全教育，交通守法意识和自我保护意识比较差，这些都增加了他们受到严重交通事故伤害的概率。

北京的统计资料显示，2010—2012 年城市交通弱势群体交通事故死亡人数占到交通事故死亡总数的 50% 以上，详见图 1-1。在城市中心区，交通弱势群体事故更为突出，北京二环内交通事故死亡者中，交通弱势群体比例达到 80% 左右，其中大部分由于交通弱势群体自身肇事导致。

H. Naci 等人从宏观角度研究了非洲、美洲、欧洲一些国家的交通事故状况，发现行人事故与国民的平均收入有一定关系(图 2-2)，在每年低收入国家中有 22.7 万行人死于交通事故，中等收入国家有 16.1 万行人死于交通事故，而高收入国家仅有 2.2 万行人死于交通事故[42]。表 2-3 中的数据显示，在英美等发达国家行人与自行车驾驶人交通事故死亡比例相对较小。

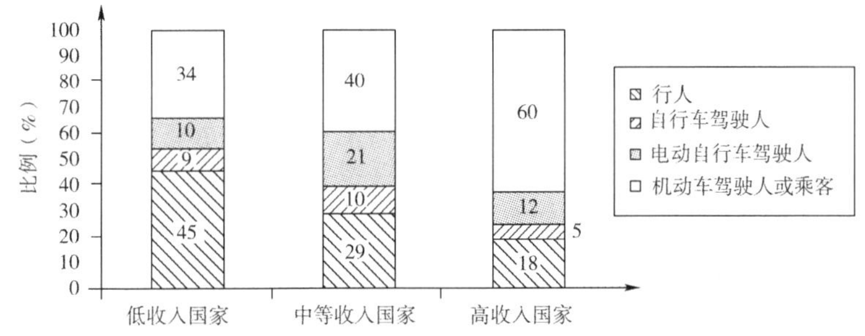

图 2-2　不同收入国家不同出行主体交通事故死亡比例

2002 年不同国家行人与自行车驾驶人交通事故死亡比例情况

表 2-3

国　　名	美国	法国	德国	英国	中国
行人与自行车驾驶人占事故死亡总人数的比例	13.4%	13.6%	21.6%	25.1%	>40%

注：数据来源于段里仁 2005 年北京工业大学授课课件。

我国行人与自行车驾驶人交通事故死亡人数占事故死亡总人数比例超过 40%，如图 2-3 所示，明显高于其他发达国家，反映了行人和非机动车驾驶人安全的严峻形势。与其他国家相比，我国

自行车等非机动车数量大、使用频率高，但交通规划、交通设施、道路环境对于非机动车的保护不够，这是此类事故多发不可忽视的重要原因之一。在机动车与非机动车发生致人死亡事故时，非机动车驾驶人一般为事故伤亡者，而70%以上的非机动车驾驶人死亡事故主要由于机动车驾驶人的失误造成的。进一步研究发现，非机动车驾驶人死亡人员70%以上有颅脑损伤，其中50%以上系颅脑损伤致死，颅脑损伤已经成为非机动车驾驶人交通伤害最显著的特征伤。颅脑是人体最重要的部位之一，一旦受到伤害，致死率很高。保护好颅脑，对于保护非机动车驾驶人具有重要意义。

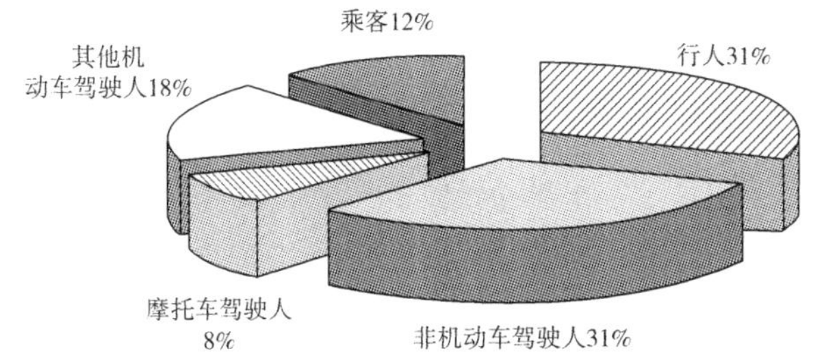

图2-3　不同出行主体道路交通事故死亡情况对比[43]

注：数据来源于北京城五区2007—2011年事故数据。

2.3　交通弱势群体时空分布特征

2.3.1　按年度变化特征

交通弱势群体死亡事故年度变化特征主要有：事故死亡人数呈逐年减少趋势，但行人、非机动车驾驶人交通违法肇事情况却反复不定，长期看有上升趋势。2004年《道路交通安全法》正式实施后，交通弱势群体死亡事故整体呈下降趋势，但肇事率却持续上升，2007年交通弱势群体死亡人数与2006年相比下降17.6%，肇事率却上升2%。2007年因行人或非机动车驾驶人违反交通法规造成自身死亡人数比2006年上升5%（图2-5）。可见，积极采取措施减少行人、非机动车交通违法行为迫在眉睫，然而对交通弱势群体而言，单纯的处罚显然不行，加强宣传教育、加大执法力度以及完善交通安全设施等多管齐下，才能遏制行人、非机动车驾驶人交通违法行为上升的势头。

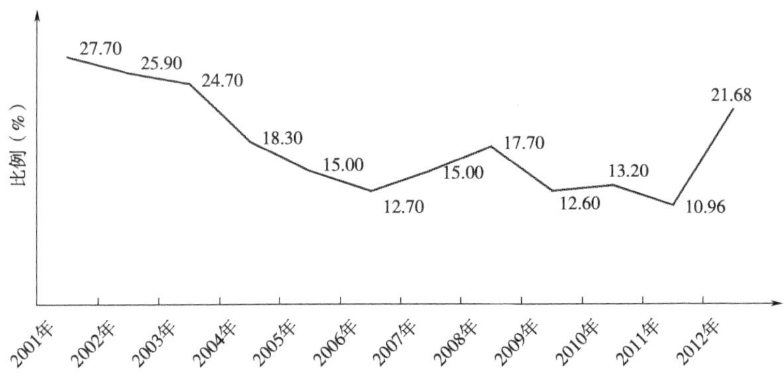

图 2-4　2001—2012 年交通弱势群体违法造成的交通事故死亡人数占总死亡人数的比例

注：数据来源于北京市公安局公安交通管理局。

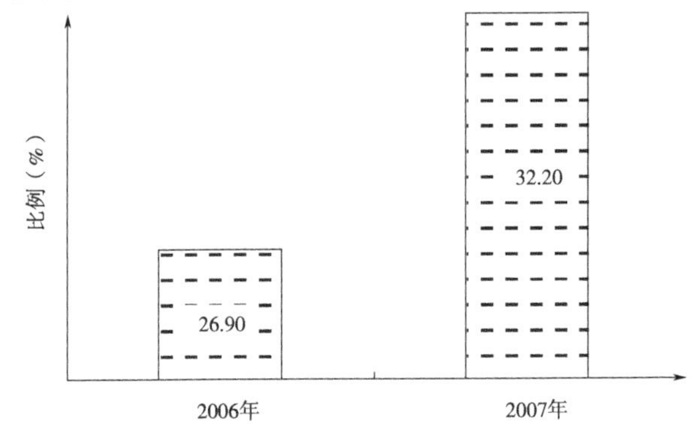

图 2-5　2006—2007 年交通弱势群体违法造成的交通事故死亡人数占交通弱势群体总死亡人数的比例

值得注意的是，根据北京市统计数据，2010—2012 年交通弱势群体交通事故死亡人数占交通事故总死亡人数的比例一直呈上升态势（图 2-6），2012 年死亡人数比 2010 年多 11 人，而同期交通事故总死亡人数减少 58 人。

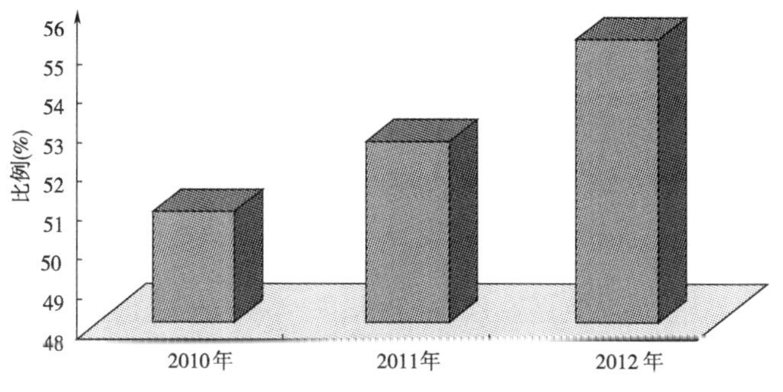

图2-6　2010—2012 年北京交通弱势群体死亡人数占交通事故总死亡人数的比例

2.3.2　按时段变化特征

从具体时段看,交通弱势群体伤人事故随流量变化明显,死亡事故多发生在夜间(图2-7)。2010—2012 年三年内北京市有关数据显示,交通弱势群体伤人事故随流量变化明显,而死亡事故的发生与流量变化不明显,且多发生在夜间车速较快、视线不好的时段。研究进一步发现,交通弱势群体死亡事故数(D)乘以某个系数与伤人事故数(J)的和,与 t($t=v\sqrt{Q}$,其中 v 为平均车速,Q 为平均车流量)成特定函数关系[43]:

$$P = \phi \mathrm{e}^{\mathrm{a}+\mathrm{b}/t} \tag{2-1}$$

式中:P——事故烈度指标,$P=\pi D+J$;

ϕ——冲突烈度指标,与区域选择有关,主要由该区域内交通参与者违法率(X_1)、道路规划设计合理程度(X_2)决定,$\phi=f(X_1,-X_2)$;

t——$t=v\sqrt{Q}$,v 为平均速度,Q 为平均车流量大小;

a、b、e——分别为常数,其中 a=4.448,b=-2340,e=2.718。

这些研究分析结果表明,减少交通弱势群体伤害事故重点要控制车速,尤其在夜间,要做好事故预防工作,加强对夜间出行人员的宣传教育力度,普及反光服、带有反光标志自行车的使用常识。

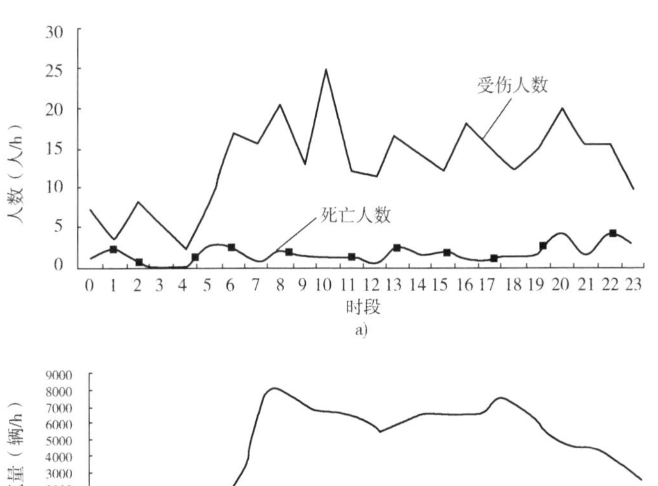

图 2-7　北京市二环内交通弱势群体死伤及主要道路平均交通流量按时段变化图

2.3.3　按空间变化特征

从空间分布总体来看(详见图 2-8),交通弱势群体死亡事故比例和主要责任事故率从城市中心区向外逐步降低。整体上,北京市交通事故死亡总人数中 45% 以上是交通弱势群体,这些死亡事故中近 40% 属于交通弱势群体肇事事故,即交通弱势群体承担事故发生的主要责任。北京中心城区交通弱势群体死亡人数占该区域内事故死亡总人数的比例和主要因交通弱势群体违法造成的死亡人数占对应区域该类群体交通死亡总数的比例虽然高,但由于该区域内交通弱势群体死亡绝对数最低,所以从北京全市来看,其影响力很小。另外,城市中心区外还有一些道路交通事故重点高发点段,如城乡接合部的事故多发点段、郊区城镇等。

结合实际,进一步分析图 2-8 可以推测,中心城区交通弱势群体死亡事故高发原因及高肇事率并不意味城市中心区交通弱势群

体违法比非中心区严重,而是中心城区机动车严重违法较少,而非中心区机动车严重违法较多,因为定责是双方面的,非中心区机动车违法的严重性加强,相应就减轻了交通弱势群体一方的责任。无论如何,城市中心区和近郊区都是交通弱势群体违法造成死亡事故的高发区域,在总死亡人数不足全市交通死亡人数40%的情况下,交通弱势群体死亡却接近全市该类群体死亡总数的一半。因此,在城市保护交通弱势群体应该成为保障道路交通安全工作的主要方向。

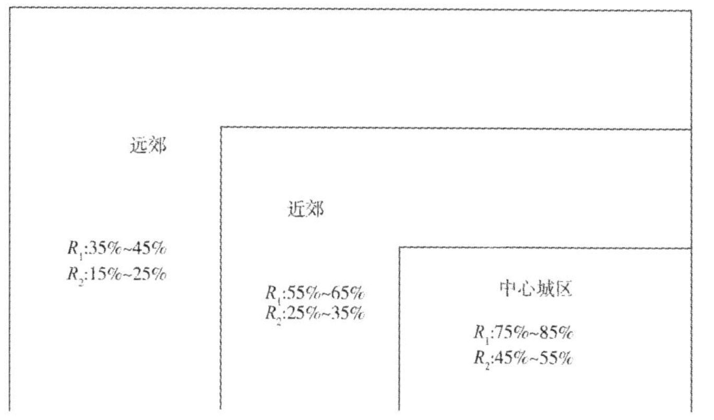

图 2-8 交通弱势群体交通事故死亡人数占比空间分布情况

注:R_1、R_2 分别表示交通弱势群体死亡人数占该区域内交通事故死亡总人数的比例和主要因交通弱势群体违法造成的死亡人数占对应区域该类群体交通事故死亡总数的比例。

2.4 本章小结

本章首先探讨了“交通弱势群体”的定义和范围,指出本书提及的交通弱势群体主要指自行车驾驶人、人力三轮车驾驶人、电动自行车驾驶人和行人。以此为基础,本章总结了交通弱势群体事故的概况及时空分布特征,重点研究了交通弱势群体事故在不同年份、时段及空间区域分布及变化的特征。

3 交通弱势群体事故形成机理与风险模型

3.1 交通弱势群体事故风险

3.1.1 交通弱势群体事故风险概念

风险是指危险概率及后果的综合量度期望值,集中反映遭受损失、损伤、毁坏的可能性。风险存在于人的一切活动之中,不同活动会带来不同性质的风险,如投资风险、工程风险、事故风险、保险风险等[44]。具体到交通弱势群体事故风险,就是指发生涉及交通弱势群体事故及造成严重后果的概率,用 R 表示。显然,交通弱势群体事故风险包含两个部分,一是发生涉及交通弱势群体事故的概率,设为 P;二是产生严重后果的概率,设为 S[45]。

3.1.2 交通弱势群体事故风险度量

由风险的概念,容易得出:

$$R = P \cdot S \tag{3-1}$$

式中:R——风险度;

P——事故发生概率;

S——严重后果概率。

一般情况下,事故的发生有很多相互独立的原因,称之为风险因子,每一个风险因子都可独立地导致事故发生,设第 i 个风险因

子发生概率为 P_i，严重后果概率为 S_i，则有：

$$R = \sum_{i}^{n} P_i S_i \tag{3-2}$$

风险因子只是事故发生的直接原因，而非导致事故发生的根本原因，见图3-1。无数风险事件或风险行为导致了风险因子的发生，它们或者相互结合，或者独立地影响着风险因子发生的概率，从而影响风险度的大小，这些风险事件和风险行为被看作交通事故发生的根本原因，也是预防交通事故必须克服的关键要害。

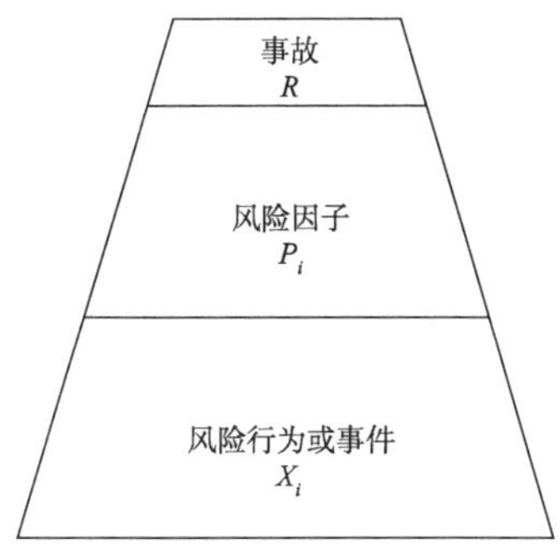

图3-1　事故风险内部的层级关系

3.1.3　交通弱势群体事故风险评价与控制

风险评价有很多方法，通常的做法是按照既定的标准，通过定性或定量的方法对风险进行分级评价，从而找出存在严重事故风险的原因，指导事故预防工作。事实上，最基本、最直接的风险评价来源于人们对于风险的不同感受。Sandip Chakraborty 和 Sudip K. Roy[46]计算过印度的事故死亡风险，统计指标是交通事故十万人口死亡率。

图3-2为交通事故风险评价与控制流程，从交通弱势群体事故成因入手，理清事故发生机理，建立事故风险的宏观与微观模型，最终达到评价与控制交通弱势群体事故的目标。

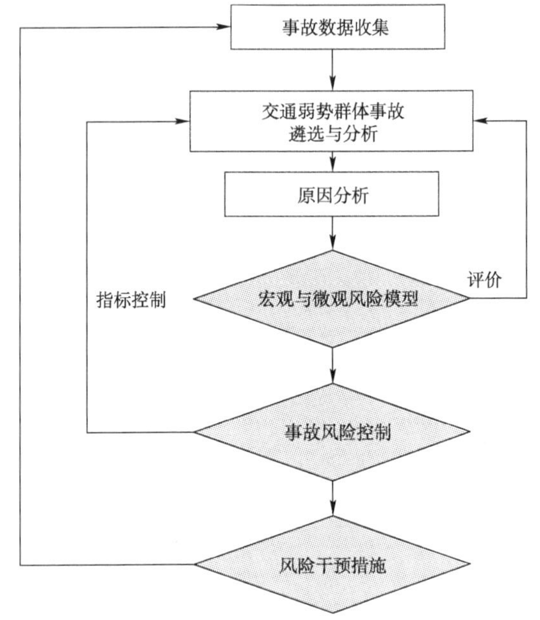

图 3-2　事故风险评价与控制流程图

3.2　交通弱势群体事故形成机理分析

3.2.1　事故树分析基本原理

事故树分析是一种演绎推理法,该方法把系统可能发生的某种事故与导致事故发生的各种原因之间的逻辑关系,用一种称为事故树的树形图来表示,通过对事故树的定性、定量分析,找出交通事故发生的主要原因,为确定安全对策提供可靠依据,以达到预测与预防事故发生的目的。事故树分析法是通过其分析过程了解系统,找出薄弱环节,进一步提出补救措施。根据评价对象、分析目的和精细程度的不同,事故树具体分析步骤也不同,常用的分析步骤如下:熟悉系统,确定顶事件;建造事故树;求事故树的最小割集，确定系统的风险模式；对事故树进行定量计算，求取顶事件发生的概率。

3.2.1.1 事件及基本符号

在事故树分析中，各种非正常状态或不正常情况称为事故事件，各种完好状态或正常情况称为成功事件，两者均简称为事件。事故树中每一个节点都表示一个事件。

1）事件

①顶事件：指事故树分析中所关心的结果事件，位于事故树的顶端，是所讨论事故树中逻辑门的输出事件而不是输入事件，即系统可能发生的或实际已经发生的事故结果。

②中间事件：指位于事故树顶事件和底事件之间的结果事件。它既是某个逻辑门的输出事件，又是其他逻辑门的输入事件。

③基本原因事件：指导致顶事件发生的最基本的或不能再向下分析的原因或缺陷事件。

④条件事件：指限制逻辑门开启的事件。

2）逻辑门

①与门：与门可以连接数个输入事件 $E_1, E_2, \cdots, E_n$，表示仅当所有输入事件都发生时，输出事件 E 才发生逻辑关系。

②或门：可以连接数个输入事件 $E_1, E_2, \cdots, E_n$，表示至少一个输入事件发生时，输出事件 E 就能发生。

3）事故树符号

事故树的基本符号有很多，这里主要介绍与本书研究相关的几种符号，见图 3-3。

3.2.1.2 结构函数

若事故树有 n 个相互独立的基本事件，X_i 表示基本事件的状态变量，X_i 仅取 1 或 0 两种状态；ϕ 表示事故树顶事件的状态变量，ϕ 也仅可取 0 或 1 两种状态，有如下定义：

$$X_i = \begin{cases} 0 & \text{基本事件 } X_i \text{ 不发生}, i = 1, 2, \cdots, n; \\ 1 & \text{基本事件 } X_i \text{ 发生}, i = 1, 2, \cdots, n。 \end{cases}$$

$$\phi = \begin{cases} 0 & \text{基本事件 } X_i \text{ 不发生}, i = 1, 2, \cdots, n; \\ 1 & \text{基本事件 } X_i \text{ 发生}, i = 1, 2, \cdots, n。 \end{cases}$$

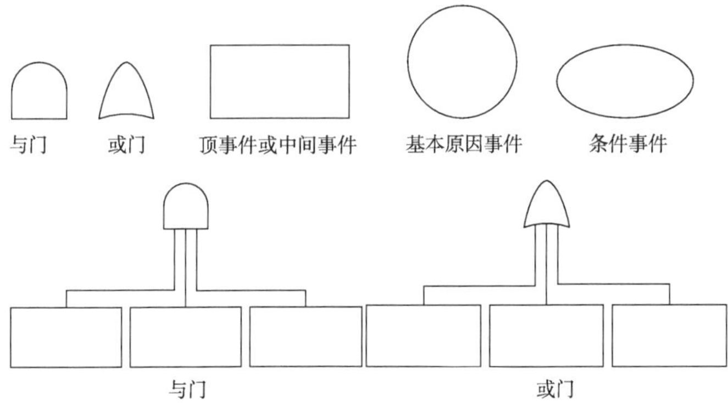

图 3-3　常见符号

因为顶事件的状态完全取决于基本事件 X_i 的状态变量($i = 1, 2, \cdots, n$)，所以 ϕ 是 X 的函数，即：

$$\phi = \phi(X)$$

其中，$X = (X_1, X_2, \cdots, X_n)$，称 $\phi(X)$ 为事故树的结构函数。

1)结构函数 $\phi(X)$ 性质

①当事故树中基本事件都发生时，顶事件必然发生；当所有基本事件都不发生时，顶事件必然不发生。

②当基本事件 X_i 以外的其他基本事件固定为某一状态，基本事件 X_i 由不发生转变为发生时，顶事件可能维持不发生状态，也有可能由不发生状态转变为发生状态。

③由任意事故树描述的系统状态，可以用全部基本事件做成"或"结合的事故树，表示系统的最劣状态(顶事件最易发生)，也可以用全部基本事件做成"与"结合的事故树，表示系统的最佳状态(顶事件最难发生)。

④由 n 个二值状态变量 X_i 构成的事故树，其结构函数 $\phi(X)$ 对所有状态变量：X_i($i = 1, 2, \cdots, n$)都可以展开为：

$$\phi(X_i,X_j) = X_i\phi(1_i,X_j) + (1 - X_i)\phi(0_i,X_j) \tag{3-3}$$

式中：X_j——$\{X_1,X_2,\cdots,X_{i-1},X_{i+1},\cdots,X_n\}$；

1_i——$X_i=1$；

0_i——$X_i=0$。

2）结构函数展开公式

若取尽所有状态变量 $X_i(i=1,2,\cdots,n)$ 的所有状态 $Y_i=0$ 或 1 $(i=1,2,\cdots,n)$，利用数学归纳法，含有 n 个基本事件事故树的结构函数可展开为：

$$\phi(X) = \sum_{p=1}^{2^n}\phi p(X)\prod_{i=1}^{n}X_i^{Y_i}(1 - X_i)^{1-Y_i} \tag{3-4}$$

式中：X_i——第 i 个基本事件的状态变量；

Y_i——第 i 个基本事件的状态值，取值为 0 或 1；

2^n——n 个基本事件构成的状态组合数；

p——基本事件的状态组合序号，$p=1,2,\cdots,2^n$；

$\phi p(X)$——第 p 个事件的状态组合所对应的顶事件的状态值，取值为 0 或 1。

3）最小割集

事故树顶事件发生与否是由构成事故树的各种基本事件的状态决定的。显然，所有基本事件都发生时，顶事件肯定发生。然而，在大多数情况下，并不是所有基本事件都发生时顶事件才发生，而只要某些基本事件发生就可以导致顶事件发生。在事故树中，我们把引起顶事件发生的基本事件的集合称为割集。一个事故树中的割集一般不止一个，在这些割集中，凡不包含其他割集的，叫作最小割集，所以，最小割集是引起顶事件发生的充分必要条件。

求最小割集的方法主要有：布尔代数法和行列式法。

4）关键重要度系数

事故树分析中有三个重要度系数，分别是结构重要度、概率重要度和关键重要度系数。关键重要度系数由敏感度和基本事件发生概率大小，反映对顶事件发生概率大小的影响，关键重要度比概率重要度和结构重要度更能准确地反映基本事件对顶事件的影响程度，为找出最佳的事故诊断方法和确定防范措施提供了依据。

关键重要度分析表示第 i 个基本事件发生率的变化率引起顶事件发生概率的变化率，其表达式为：

$$I_g^c(i) = \lim_{\Delta q_i \to 0} \frac{\Delta p(T)/p(T)}{\Delta q_i / q_i} = \frac{q_i}{p(T)} \lim_{\Delta q_i \to 0} \frac{\Delta p(T)}{\Delta q_i} = \frac{q_i}{p(T)} I_g(i) \tag{3-5}$$

式中：$I_g^c(i)$——第 i 个基本事件的关键重要度系数；

$I_g(i)$——第 i 个基本事件的概率重要度系数；

$p(T)$——顶事件发生概率；

q_i——第 i 个基本事件的发生概率。

3.2.2 事故形成机理

人们一般把交通事故看成过失事件，《道路交通安全法》定义交通事故是："车辆在道路上因过错或意外造成的人身伤亡或者财产损失的事件"。单从交通弱势群体事故看，机动车驾驶人犯过错的主要原因是没有及时发现行人、非机动车，避让不及发生交通事故；而交通弱势群体犯过错的主要原因是其严重违反驾驶正常信赖限度或从视线障碍后"突然"出现，导致机动车躲避不及发生交通事故。北京市 2008—2011 年事故统计数据显示，因违法穿越机动车道引发的交通弱势群体事故占交通弱势群体事故总量的 34%，如图 3-4 所示。

由于动态视线障碍稍纵即逝、原因分析固化、信息有限等原因，仍然有不少视线障碍导致的交通事故隐藏在其他原因之中。视线障碍可分为静态视线障碍和动态视线障碍，前者主要指固定在道路上的树木、广告牌等不能移动的有碍视线的物体，后者包括汽车、三轮车等可以移动的有碍视线物体，如

表3-1所示。

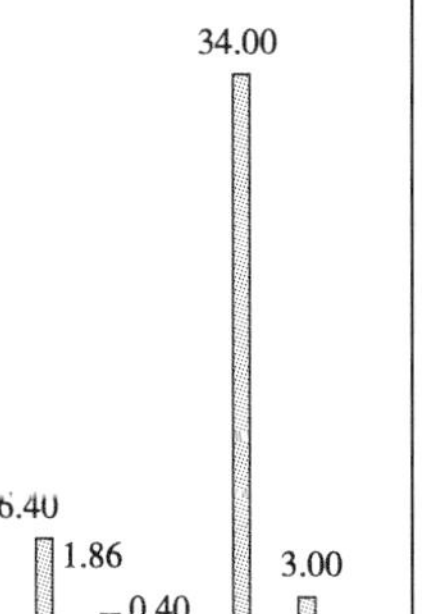
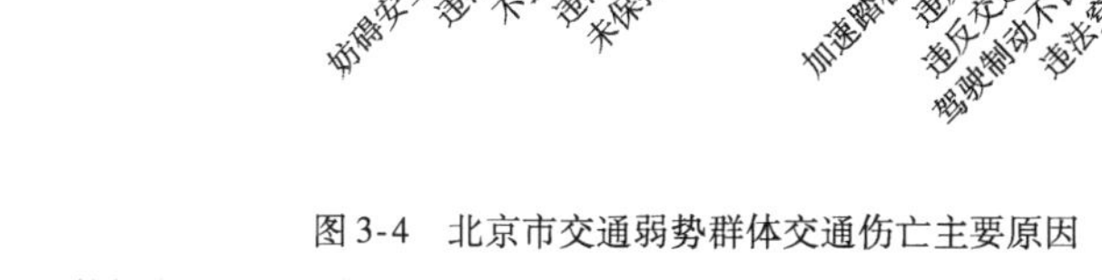

图3-4　北京市交通弱势群体交通伤亡主要原因

注：数据来源于北京市公安交通管理部门2008—2011年统计资料。

常见动态视线障碍情况　　表3-1

常见动态视线障碍	图　例
大型车辆形成视线障碍	
非机动车形成视线障碍	

续上表

常见动态视线障碍	图　　例
左转车辆形成视线障碍	

交通弱势群体交通事故的发生主要存在两大类原因,一是由于客观环境存在合理的或不合理的视线障碍,加上交通参与者的危险行为,如图 3-5 中第一类原因;二是不存在视线障碍的影响,完全是因驾驶人、车辆自身原因造成交通事故,如醉酒导致驾驶人失去意识、机件不安全或者路面湿滑导致车辆失控等,如图 3-5 中第二类原因。两类原因都是事故发生的根本原因,也是事故预防的着力点,这些根本原因造成车辆躲避不及时,最终导致事故发生。

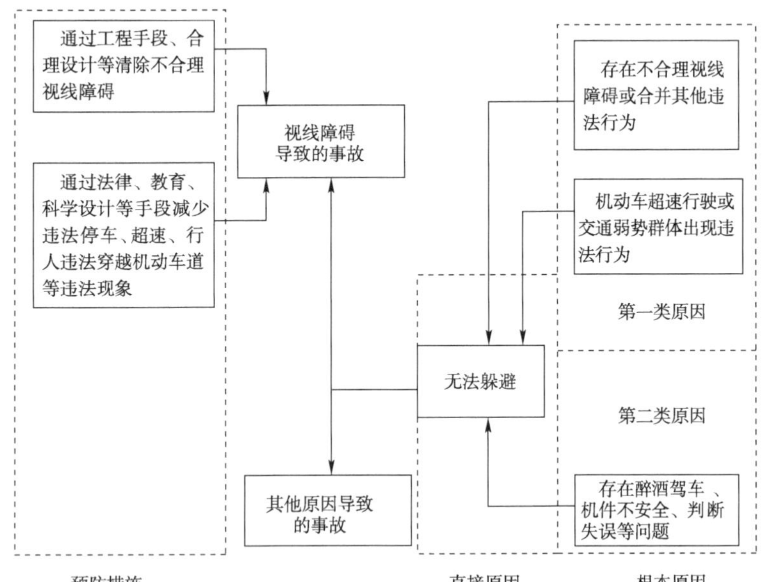

图 3-5　交通弱势群体交通事故形成原因分析

根据上述分析及事故树分析基本原理绘制事故机理分析图,如图 3-6 所示。

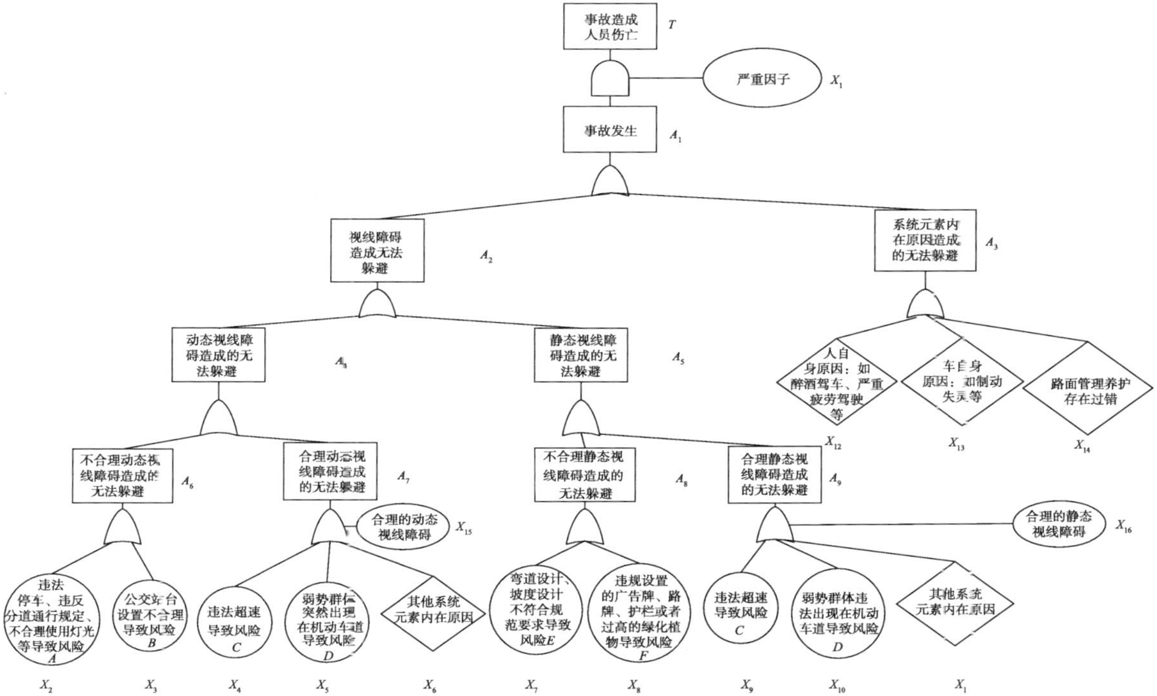

事故造成人员伤亡 T

严重因子 X_1

事故发生 A_1

视线障碍造成无法躲避 A_2

系统元素内在原因造成的无法躲避 A_3

动态视线障碍造成的无法躲避 A_4

静态视线障碍造成的无法躲避 A_5

人自身原因：如醉酒驾车、严重疲劳驾驶等 X_{12}

车自身原因：如制动失灵等 X_{13}

路面管理养护存在过错 X_{14}

不合理动态视线障碍造成的无法躲避 A_6

合理动态视线障碍造成的无法躲避 A_7

不合理静态视线障碍造成的无法躲避 A_8

合理静态视线障碍造成的无法躲避 A_9

合理的动态视线障碍 X_{15}

合理的静态视线障碍 X_{16}

违法停车、违反分道通行规定、不合理使用灯光等导致风险 A X_2

公交站台设置不合理导致风险 B X_3

违法超速导致风险 C X_4

弱势群体突然出现在机动车道导致风险 D X_5

其他系统元素内在原因 X_6

弯道设计、坡度设计不符合规范要求导致风险 E X_7

违规设置的广告牌、路牌、护栏或者过高的绿化植物导致风险 F X_8

违法超速导致风险 C X_9

弱势群体违法出现在机动车道导致风险 D X_{10}

其他系统元素内在原因 X_1

图 3-6　交通弱势群体事故机理树图

根据图3-6,得到表3-2,由此可得:

$$p(T) = q_1[(q_2 + q_3) + (q_4 + q_5 + q_6)q_{15} + (q_7 + q_8) + (q_9 + q_{10} + q_{11})q_{16} + (q_{12} + q_{13} + q_{14})]$$
$$= q_1[(q_{21}q_{22}q_{23} + q_{31}q_{32}q_{33}) + (q_{41}q_{42} + q_{51}q_{52} + q_6)q_{15} + (q_{81}q_{82}q_{83} + q_{71}q_{72}q_{73}) + (q_9 + q_{10} + q_{11})q_{16} + (q_{12} + q_{13} + q_{14})] \tag{3-6}$$

式中:$p(T)$——顶事件发生概率;

q_i——第 i 个基本事件的发生概率。

风险发生概率表 表3-2

风险	连接门	基本事件		发生概率	风险发生概率
A	与门	X_{21}	驾驶人导致视线障碍的违法驾驶行为	q_{21}	$q_{21}q_{22}q_{23}$
		X_{22}	弱势群体风险行为	q_{22}	
		X_{23}	驾驶人风险行为	q_{23}	
B	与门	X_{31}	设计不合理的公交站台	q_{31}	$q_{31}q_{32}q_{33}$
		X_{32}	驾驶人违法驾驶行为	q_{32}	
		X_{33}	弱势群体风险行为	q_{33}	
C	与门	X_{41}	驾驶人风险行为	q_{41}	$q_{41}q_{42}$
		X_{42}	弱势群体风险行为	q_{42}	
D	与门	X_{51}	驾驶人风险行为	q_{51}	$q_{51}q_{52}$
		X_{52}	弱势群体风险行为	q_{52}	
E	与门	X_{71}	不合理的线形设计	q_{71}	$q_{71}q_{72}q_{73}$
		X_{72}	驾驶人违法驾驶行为	q_{72}	
		X_{73}	弱势群体风险行为	q_{73}	
F	与门	X_{81}	不合理的设施设计	q_{81}	$q_{81}q_{82}q_{83}$
		X_{82}	驾驶人违法驾驶行为	q_{82}	
		X_{83}	弱势群体风险行为	q_{83}	

式(3-6)较为彻底地分解了交通弱势群体发生事故的原因,归纳了主要影响因素,对于宏观上估算整体事故率及微观上计算具体路口路段事故概率提供了方法,并为科学分析事故原因及确定法律意义上的责任分配提供了理论基础。

由式(3-5)、式(3-6)可得:

$$I_g(1)=\frac{\partial P(T)}{\partial q_1}=(q_{21}q_{22}q_{23}+q_{21}q_{32}q_{33})+(q_{41}q_{42}+q_{51}q_{52}+q_6)q_{15}+(q_{81}q_{82}q_{83}+q_{71}q_{72}q_{73})+(q_9+q_{10}+q_{11})q_{16}+(q_{12}+q_{13}+q_{14}) \tag{3-7}$$

$$I_g(10)=\frac{\partial P(T)}{\partial q_{10}}=q_1[(q_{21}q_{22}q_{23}+q_{31}q_{32}q_{33})+(q_{42}q_{41}+q_{52}q_{51}+q_6)q_{15}+(q_{81}q_{82}q_{83}+q_{71}q_{72}q_{73})+(1+q_9+q_{11})q_{16}+(q_{12}+q_{13}+q_{14})] \tag{3-8}$$

$$I_g(11)=\frac{\partial P(T)}{\partial q_{11}}=q_1[(q_{21}q_{22}q_{23}+q_{31}q_{32}q_{33})+(q_{41}q_{42}+q_{51}q_{52}+q_6)q_{15}+(q_{81}q_{82}q_{83}+q_{71}q_{72}q_{73})+(q_9+q_{10}+1)q_{16}+(q_{12}+q_{13}+q_{14})] \tag{3-9}$$

$$I_g(12)=\frac{\partial P(T)}{\partial q_{12}}=q_1[(q_{21}q_{22}q_{23}+q_{21}q_{32}q_{33})+(q_{41}q_{42}+q_{51}q_{52}+q_6)q_{15}+(q_{81}q_{82}q_{83}+q_{71}q_{72}q_{73})+(q_9+q_{10}+q_{11})q_{16}+(1+q_{13}+q_{14})] \tag{3-10}$$

$$I_g(13)=\frac{\partial P(T)}{\partial q_{13}}=q_1[(q_{21}q_{22}q_{23}+q_{31}q_{32}q_{33})+(q_{42}q_{41}+q_{51}q_{52}+q_6)q_{15}+(q_{81}q_{82}q_{83}+q_{71}q_{72}q_{73})+(q_9+q_{10}+q_{11})q_{16}+(q_{12}+1+q_{14})] \tag{3-11}$$

$$I_g(14) = \frac{\partial P(T)}{\partial q_{14}} = q_1[(q_{21}q_{22}q_{23} + q_{31}q_{32}q_{33}) + (q_{41}q_{42} + q_{51}q_{52} + q_6)q_{15} + (q_{81}q_{82}q_{83} + q_{71}q_{72}q_{73}) + (q_9 + q_{10} + q_{11})q_{16} + (q_{12} + q_{13} + 1)] \tag{3-12}$$

$$I_g(15) = \frac{\partial P(T)}{\partial q_{15}} = q_1[(q_{21}q_{22}q_{23} + q_{31}q_{32}q_{33}) + (q_{41}q_{42} + q_{51}q_{52} + q_6) + (q_{81}q_{82}q_{83} + q_{71}q_{72}q_{73}) + (q_9 + q_{10} + q_{11})q_{16} + (q_{12} + q_{13} + q_{14})] \tag{3-13}$$

$$I_g(16) = \frac{\partial P(T)}{\partial q_{16}} = q_1[(q_{21}q_{22}q_{23} + q_{31}q_{32}q_{33}) + (q_{41}q_{42} + q_{51}q_{52} + q_6)q_{15} + (q_{81}q_{82}q_{83} + q_{71}q_{72}q_{73}) + (q_9 + q_{10} + q_{11}) + (q_{12} + q_{13} + q_{14})] \tag{3-14}$$

$$I_g(21) = \frac{\partial P(T)}{\partial q_{21}} = q_1[(q_{22}q_{23} + q_{31}q_{32}q_{33}) + (q_{41}q_{42} + q_{51}q_{52} + q_6)q_{15} + (q_{81}q_{82}q_{83} + q_{71}q_{72}q_{73}) + (q_9 + q_{10} + q_{11})q_{16} + (q_{12} + q_{13} + q_{14})] \tag{3-15}$$

$$I_g(22) = \frac{\partial P(T)}{\partial q_{22}} = q_1[(q_{21}q_{23} + q_{31}q_{32}q_{33}) + (q_{41}q_{42} + q_{51}q_{52} + q_6)q_{15} + (q_{81}q_{82}q_{83} + q_{71}q_{72}q_{73}) + (q_9 + q_{10} + q_{11})q_{16} + (q_{12} + q_{13} + q_{14})] \tag{3-16}$$

$$I_g(23) = \frac{\partial P(T)}{\partial q_{23}} = q_1[(q_{21}q_{22} + q_{31}q_{32}q_{33}) + (q_{41}q_{42} + q_{51}q_{52} + q_6)q_{15} + (q_{81}q_{82}q_{83} + q_{71}q_{72}q_{73}) + (q_9 + q_{10} + q_{11})q_{16} + (q_{12} + q_{13} + q_{14})] \tag{3-17}$$

$$I_g(31) = \frac{\partial P(T)}{\partial q_{31}} = q_1[(q_{21}q_{22}q_{23} + q_{32}q_{33}) + (q_{41}q_{42} + q_{51}q_{52} + q_6)q_{15} + (q_{81}q_{82}q_{83} + q_{71}q_{72}q_{73}) + (q_9 + q_{10} + q_{11})q_{16} + (q_{12} + q_{13} + q_{14})] \tag{3-18}$$

$$I_g(32) = \frac{\partial P(T)}{\partial q_{32}} = q_1[(q_{21}q_{22}q_{23} + q_{31}q_{33}) + (q_{41}q_{42} + q_{51}q_{52} + q_6)q_{15} + (q_{81}q_{82}q_{83} + q_{71}q_{72}q_{73}) + (q_9 + q_{10} + q_{11})q_{16} + (q_{12} + q_{13} + q_{14})] \tag{3-19}$$

$$I_g(33) = \frac{\partial P(T)}{\partial q_{33}} = q_1[(q_{21}q_{22}q_{23} + q_{31}q_{32}) + (q_{41}q_{42} + q_{51}q_{52} + q_6)q_{15} + (q_{81}q_{82}q_{83} + q_{71}q_{72}q_{73}) + (q_9 + q_{10} + q_{11})q_{16} + (q_{12} + q_{13} + q_{14})] \tag{3-20}$$

$$I_g(41) = \frac{\partial P(T)}{\partial q_{41}} = q_1[(q_{21}q_{22}q_{23} + q_{31}q_{32}q_{33}) + (q_{42} + q_{51}q_{52} + q_6)q_{15} + (q_{81}q_{82}q_{83} + q_{71}q_{72}q_{73}) + (q_9 + q_{10} + q_{11})q_{16} + (q_{12} + q_{13} + q_{14})] \tag{3-21}$$

$$I_g(42) = \frac{\partial P(T)}{\partial q_{42}} = q_1[(q_{21}q_{22}q_{23} + q_{31}q_{32}q_{33}) + (q_{41} + q_{51}q_{52} + q_6)q_{15} + (q_{81}q_{82}q_{83} + q_{71}q_{72}q_{73}) + (q_9 + q_{10} + q_{11})q_{16} + (q_{12} + q_{13} + q_{14})] \tag{3-22}$$

$$I_g(51) = \frac{\partial P(T)}{\partial q_{51}} = q_1[(q_{21}q_{22}q_{23} + q_{31}q_{32}q_{33}) + (q_{42}q_{41} + q_{52} + q_6)q_{15} + (q_{81}q_{82}q_{83} + q_{71}q_{72}q_{73}) + (q_9 + q_{10} + q_{11})q_{16} + (q_{12} + q_{13} + q_{14})] \tag{3-23}$$

$$I_g(52)=\frac{\partial P(T)}{\partial q_{52}}=q_1[(q_{21}q_{22}q_{23}+q_{31}q_{32}q_{33})+(q_{42}q_{41}+q_{51}+q_6)q_{15}+(q_{81}q_{82}q_{83}+q_{71}q_{72}q_{73})+(q_9+q_{10}+q_{11})q_{16}+(q_{12}+q_{13}+q_{14})] \tag{3-24}$$

$$I_g(6)=\frac{\partial P(T)}{\partial q_6}=q_1[(q_{21}q_{22}q_{23}+q_{31}q_{32}q_{33})+(q_{42}q_{41}+q_{52}q_{51}+1)q_{15}+(q_{81}q_{82}q_{83}+q_{71}q_{72}q_{73})+(q_9+q_{10}+q_{11})q_{16}+(q_{12}+q_{13}+q_{14})] \tag{3-25}$$

$$I_g(71)=\frac{\partial P(T)}{\partial q_{71}}=q_1[(q_{21}q_{22}q_{23}+q_{31}q_{32}q_{33})+(q_{42}q_{41}+q_{52}q_{51}+q_6)q_{15}+(q_{81}q_{82}q_{83}+q_{72}q_{73})+(q_9+q_{10}+q_{11})q_{16}+(q_{12}+q_{13}+q_{14})] \tag{3-26}$$

$$I_g(72)=\frac{\partial P(T)}{\partial q_{72}}=q_1[(q_{21}q_{22}q_{23}+q_{31}q_{32}q_{33})+(q_{42}q_{41}+q_{52}q_{51}+q_6)q_{15}+(q_{81}q_{82}q_{83}+q_{71}q_{73})+(q_9+q_{10}+q_{11})q_{16}+(q_{12}+q_{13}+q_{14})] \tag{3-27}$$

$$I_g(73)=\frac{\partial P(T)}{\partial q_{73}}=q_1[(q_{21}q_{22}q_{23}+q_{31}q_{32}q_{33})+(q_{42}q_{41}+q_{52}q_{51}+q_6)q_{15}+(q_{81}q_{82}q_{83}+q_{71}q_{72})+(q_9+q_{10}+q_{11})q_{16}+(q_{12}+q_{13}+q_{14})] \tag{3-28}$$

$$I_g(81)=\frac{\partial P(T)}{\partial q_{81}}=q_1[(q_{21}q_{22}q_{23}+q_{31}q_{32}q_{33})+(q_{42}q_{41}+q_{52}q_{51}+q_6)q_{15}+(q_{82}q_{83}+q_{71}q_{72}q_{73})+(q_9+q_{10}+q_{11})q_{16}+(q_{12}+q_{13}+q_{14})] \tag{3-29}$$

$$I_g(82) = \frac{\partial P(T)}{\partial q_{82}} = q_1[(q_{21}q_{22}q_{23} + q_{31}q_{32}q_{33}) + (q_{42}q_{41} + q_{52}q_{51} + q_6)q_{15} + (q_{81}q_{83} + q_{71}q_{72}q_{73}) + (q_9 + q_{10} + q_{11})q_{16} + (q_{12} + q_{13} + q_{14})] \tag{3-30}$$

$$I_g(83) = \frac{\partial P(T)}{\partial q_{83}} = q_1[(q_{21}q_{22}q_{23} + q_{31}q_{32}q_{33}) + (q_{42}q_{41} + q_{52}q_{51} + q_6)q_{15} + (q_{81}q_{82} + q_{71}q_{72}q_{73}) + (q_9 + q_{10} + q_{11})q_{16} + (q_{12} + q_{13} + q_{14})] \tag{3-31}$$

$$I_g(9) = \frac{\partial P(T)}{\partial q_9} = q_1[(q_{21}q_{22}q_{23} + q_{31}q_{32}q_{33}) + (q_{42}q_{41} + q_{52}q_{51} + q_6)q_{15} + (q_{81}q_{82}q_{83} + q_{71}q_{72}q_{73}) + (1 + q_{10} + q_{11})q_{16} + (q_{12} + q_{13} + q_{14})] \tag{3-32}$$

这些公式和模型的建立,将为第 5 章“城市交通弱势群体交通事故风险评价与控制”中定量分析个体风险行为的险情度数提供理论参考,但由于各项基本事件的概率难以统计,本书通过一些估算比例作为计算值,仅仅作为定量比较各风险行为等级的依据。

3.3 交通弱势群体区域事故风险模型

3.3.1 交通弱势群体事故烈度指标

通过交通弱势群体事故形成机理分析可以推断,某地段交通弱势群体交通伤害发生频数必然与经过该地段的车流量、车速、大型车辆(容易成为动态视线障碍)比例、静态视线障碍情况、人流、自行车流及违法情况密切相关。如果扩展到某个区域,则该区域内的交通弱势群体事故发生频数必然与区域内各条道路(没有行人、非机动车的封闭道路除外)平均交通流量(Q)、平均车速(v)存在正相关关系。如果有两个区域，假设存在相同的 Q、v 值，弱势群体事故发生频数却相差很大，那么就能说明两个区域内的大型车辆管理、道路规划设计以及违法管理情况有很大差别。因此，如果能找出 Q、v 与事故发生强度的关系，就能通过调查、计算、比较，从而更为科学地评价区域交通安全管理。由此，可以假设在某区域内：

$$P = \phi f\left(\frac{\sum_{i}^{n} Q_i}{n}, \frac{\sum_{i}^{n} v_i}{n}\right) \tag{3-33}$$

式中：P——事故烈度，反映区域交通弱势群体事故频数、严重程度指标；

ϕ——冲突烈度，反映区域内交通弱势群体易受到交通伤害的程度指标，由区域安全管理状况决定；

Q_i——区域内某条道路的交通流量，时段选择与 P 值一致，不包括封闭道路的交通流量；

v_i——区域内某条道路的平均车速，时段选择与 P 值一致，不包括封闭道路的车速；

n——区域内非封闭道路的条数，考虑到实际情况，可以选择具有区域流量汇集性的主要道路进行计算。

城市交通弱势群体死伤严重已经成为我国道路交通事故的显著特点，然而，由于各种原因，对交通弱势群体的保护总是停滞不前，在一些交通安全评价指标中，涉及交通弱势群体安全的内容很少。预测和评价交通弱势群体的安全状况，就要找出与交通弱势群体事故发生密切相关的要素，建立它们之间的量化关系，构建科学的预测、评价体系。

由于交通事故受交通流量变化影响较大，所以考虑一天内不同时段事故变化规律情况，实质上就是考虑交通流量对交通事故的影响问题。同时，考虑到城市中心区的交通弱势群体事故非常突出，本书选择北京二环内城市中心区作为研究区域。

分析交通弱势群体事故发生原因可以知道，此类事故发生的概率及严重程度大多与交通流量、车速相关。从宏观上看，任意区域内的交通事故发生概率及严重程度必然与该区域内所有道路的平均交通流量及平均车速相关。为了研究这些元素之间可能存在的量化关系，限于数据收集的难度，仅研究同一区域内事故、流量、车速在24个小时内平均值的变化规律，寻求三者之间可能存在的量化关系。

分析不同时段交通弱势群体受伤人数(J)与交通流量的关系，发现二者呈较强的正线性关系，但交通弱势群体死亡人数(D)与平均流量、平均速度的关系不显著，说明交通弱势群体死亡事故发生的偶然性比较大，与速度、违法率等其他因素关系较大，详见图3-7。

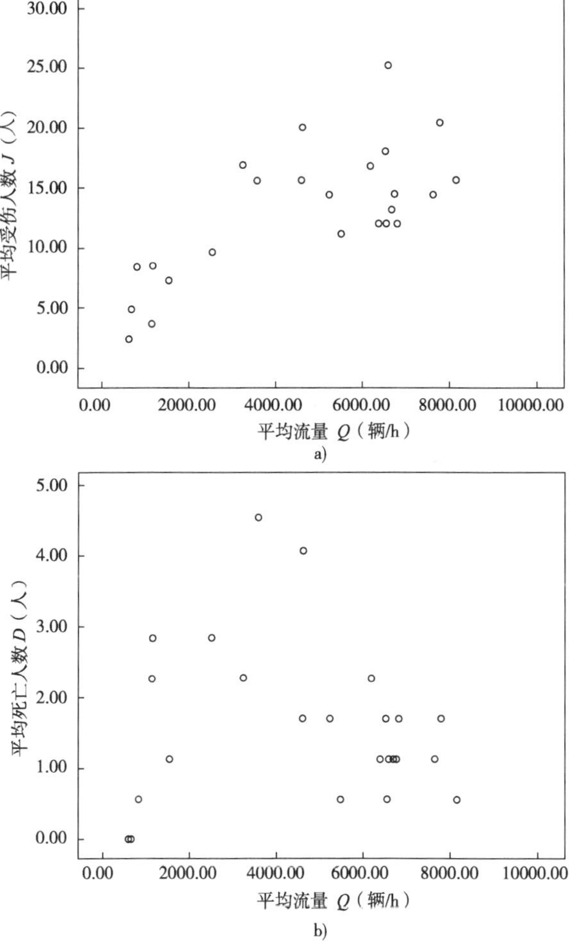

图3-7 交通弱势群体事故与交通流量的关系

3.3.2 数据分析与建模

3.3.2.1 基本模型的建立与检验

设定交通弱势群体事故烈度指标为 P,其计算公式如下:

$$P = \pi D + J \tag{3-34}$$

式中:π——交通死亡事故经济损失与交通伤人事故经济损失的比值,根据近几年事故数据及道路交通事故经济损失的有关研究结论[47],本书 π 取值为 4;

D——交通弱势群体死亡人数;

J——交通弱势群体受伤人数。

根据交通流理论:$Q = K_j(v - \frac{v^2}{v_f})$,其中 Q 为交通流量,v 为车流速度,K_j 为最大车流密度,v_f 为畅通速度。设 $t = v\sqrt{Q}$,研究 P 与 t 的关系。由于 P 与 t 的数据来源于同一区域不同时段,显然规划设计等方面的影响较小,但不同时段交通违法率以及光线亮度等仍然存在较大差异,特别考虑到凌晨(4:00 ~5:00)疲劳驾驶和晚上(21:00 ~22:00)酒后驾驶的违法现象比较多,对事故烈度影响较大,所以不在分析之列,其余 22 个时段,利用 SPSS 统计软件进行曲线估计,得到以下参数(表 3-3)和拟合图形(图 3-8)。

由图 3-7、表 3-3 可以看出,S 曲线相关系数大于 0.8,拟合的程度最高。由式(3-33)、式(3-34)可得:

$$P = \phi e^{a+b/t} \tag{3-35}$$

式中:P——交通事故烈度指标;

ϕ——冲突烈度指标,与区域选择有关,主要由该区域内交通参与者违法率(X_1)、道路规划设计合理程度(X_2)决定,$\phi = f(X_1, -X_2)$;

t——$t = v\sqrt{Q}$,v 为车流速度,Q 为交通流量;

a、b、e——常数,根据上述分析结论,a = 4.448,b = -2340,e = 2.718。

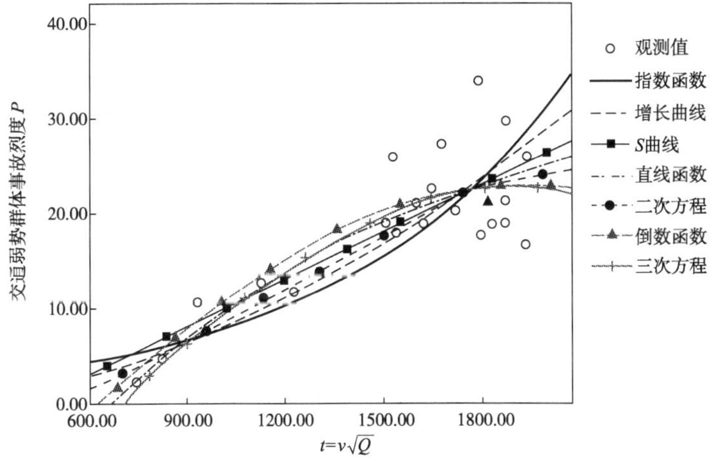

图 3-8 拟合分析

3.3.2.2 交通事故烈度最大值 P_m 的确立

实践中,在进行交通弱势群体事故预测与评价时,需要对不同区域的管界单位进行评价考核,确定阈值,进行科学、常态的管理。

假设某区域内有 n 条需要考核的道路,K_j、v_{fi} 分别为第 i 条道路的最大车流密度与畅行速度,由交通流理论可知:

$$Q_i = K_j\left(v_i - \frac{v_i^2}{v_{fi}}\right) \tag{3-36}$$

$$\because t_i = v_i\sqrt{Q_i} = v_i\sqrt{K_j\left(v_i - \frac{v_i^2}{v_{fi}}\right)} = \sqrt{K_j\left(v_i^3 - \frac{v_i^4}{v_{fi}}\right)}$$

令:

$$h_i = K_j\left(v_i^3 - \frac{v_i^4}{v_{fi}}\right) \tag{3-37}$$

$$\frac{\mathrm{d}h}{\mathrm{d}v_i} = 3K_jv_i^2 - 4K_j\frac{v_i^3}{v_{fi}} = 0$$

$$v_i - \frac{3}{4}v_{fi}$$

$$\therefore h_m^2 = t_m = \frac{3}{4}v_{fi}\sqrt{K_j\left(\frac{3}{4}v_{fi} - \frac{\frac{9}{16}v_{fi}^2}{v_{fi}}\right)} = \frac{3\sqrt{3}}{16}v_{fi}^{\frac{3}{2}}K_j^{\frac{1}{2}} \tag{3-38}$$

曲线模型与参数估计

表 3-3

模型	模型概要					参数估计			
	决定系数 R^2	F 检验	自由度 df_1	自由度 df_2	显著性水平 $Sig.$	常数	b_1	b_2	b_3
线性	0.626	31.790	1	19	0	−6.478	0.016		
对数	0.657	36.435	1	19	0	−139.146	21.624		
倒数	0.667	38.062	1	19	0	37.154	-2.607×10^{-4}		
二次方程	0.676	18.770	2	18	0	−31.396	0.056	-1.465×10^{-5}	
三次方程	0.678	18.979	2	18	0	−23.801	0.038	0	-3.609×10^{-9}
复合	0.710	46.437	1	19	0	1.916	1.001		
幂数	0.784	68.982	1	19	0	1.692×10^{-5}	1.888		
S 曲线	0.841	100.677	1	19	0	4.448	-2.340×10^{-3}		
增长曲线	0.710	46.437	1	19	0	0.650	0.001		
指数	0.710	46.437	1	19	0	1.916	0.001		
逻辑	0.710	46.437	1	19	0	0.522	0.999		

由式(3-35)、式(3-38)可得：

$$P_m = \phi_m \mathrm{e}^{\mathrm{a}+\mathrm{b}/\sum_i^n t_i} = \phi_m \mathrm{e}^{\mathrm{a}+\mathrm{b}/\sum_i^n \frac{3\sqrt{3}}{16} v_{fi}^{\frac{3}{2}} K_j^{\frac{1}{2}}} \tag{3-39}$$

这些公式和模型的建立，将为第5章“城市交通弱势群体交通事故风险评价与控制”中从宏观层面定量分析事故风险、评价区域交通安全状况提供理论参考。

3.4 本章小结

本章首先研究了交通弱势群体交通事故风险相关理论，并引入了事故树的分析方法，利用事故树分析方法的基本原理，研究了交通弱势群体事故发生的诸多原因，在实践总结和科学分析的基础上，绘制了交通弱势群体事故树分析图，明确了各个事故原因的位置、作用。最后，本章引入了交通弱势群体事故烈度指标，利用交通流理论及数理统计分析方法，建立了交通弱势群体事故区域评价和控制模型。

4 城市交通弱势群体交通特性与风险行为分析

在普遍提倡科学发展观和“以人为本”的今天,如何理解和实现交通管理的“以人为本”,成为许多研究者和管理者思考的课题。笔者以为,在交通管理方面实现“以人为本”,就是要按照交通参与者的交通行为特性科学规划设计,合理设置设施,完善管理措施,修订法律法规,满足广大交通参与者不断增长的交通需求。因此,研究针对城市交通弱势群体的交通安全规划设计方法,首先需要调查、掌握城市交通弱势群体的交通行为特性。

研究交通弱势群体的交通行为特性首先应该关注交通行为心理特性,翟忠民先生说过:“交通工程心理就是从人的生理心理出发研究道路、设施、机动车辆的设计、设置、应用问题,使之符合‘以人为本’的原则,从而来创造和改善管理条件,最大限度地消除交通事故隐患,为规范人的交通行为打好基础。”[48] 由于交通出行方式不同,交通心理往往存在差异,例如人力交通主要追求省力,兼顾省时;而机动车交通则主要追求省时,这也是二者最显著的心理差异。

目前从全国看,大多数人短途出行仍然选择人力交通、公共交通的方式,加之受国民教育一直“重基础理论、轻生活实践”的影响,学校不开或者很少开交通安全课,所以多数人对汽车及现代交通的基本知识与特点了解甚少。例如,很多自行车驾驶人和行人之所以敢穿行车流空档和抢行猛拐,他们的普遍心理就是“汽车不敢撞人”、“汽车能停住”。这两种认识都是不了解汽车制动特点造成的。汽车质量大,运动速度快,所具有的动能大,要想让汽车停下来，必须行驶一定的制动距离，如果加上驾驶人反应时间所需的空驶距离，总制动距离就很长，不会像自行车那样一捏闸就停住。行人、自行车驾驶人由于缺乏这方面的认识，所以存在侥幸心理，甚至敢主动违法，引发交通事故。再者，交通弱势群体的守法意识仍然有较大提升空间，以北京市交管局调查的结果为例，如果人行横道的位置偏离了行人心理最佳路线5m，只有30%的人会绕行走人行横道；若偏离了10m，则不足10%的人会绕行走人行横道，绝大多数的人都不会主动去走人行横道。相反，机动车驾驶人的安全与守法意识与交通弱势群体来比相对要高一些。这是因为长期以来，国家对机动车的管理比较严格，处罚力度较大，而且机动车驾驶人群体了解汽车特性和法规要求，不轻易去冒险违法，所以机动车驾驶人交通心理素质及守法意识整体上要比交通弱势群体高。

4.1 行人交通特性

步行几乎是每人每天都采用的交通出行方式，或散步，或购物，或上学。每个人都有自己的行走特点，同一个人在选择不同的出行目标时，也会表现出不同的步速、步幅。如果把行人归为一种出行主体类别，再按照不同年龄、职业、地域等进行分类研究，能够发现他们有着许多共同的特点，比如老年人和儿童在行走速度、等灯忍耐时间、绕行距离方面有相近的特点。在交通组织、交通设施应用及交通管理中，充分重视行人在交通活动中反映出的规律性特点，可以提升城市交通管理的人性化水平。同时，由于各种原因，无论在城市或农村，行人作为一类出行主体，最容易受到交通事故伤害，研究行人的交通特性，将有利于交通安全管理者制定出一些切实可行的交通安全措施，减少行人伤亡事故的发生。

4.1.1 行人交通心理特性

4.1.1.1 各类行人的交通心理特点

由于年龄、性别、职业的不同，行人在出行中表现出来的心理特点是不一样的。图 4-1 就显示了 2012 年我国道路交通安全事故不同年龄人员的死亡情况。了解各类行人的心理和行为规律,对于改善交通管理设施、优化交通组织、约束行人的交通行为及保证道路的安全畅通是十分有益的。

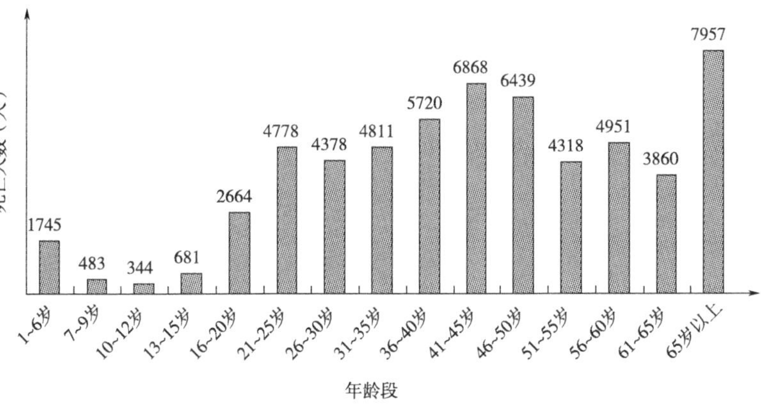

图 4-1　2012 年全国道路交通事故不同年龄人员死亡情况

注:数据来源于公安部交通管理局 2012 年道路交通事故统计年报。

(1)儿童的心理特点。少年儿童活泼好动、腿脚灵、反应快,同时好奇心强、好冲动、好逞能。由于少年儿童生活经验少,缺乏交通安全常识,不了解机动车的危险性,所以交通危险行为比较多,如常在公路上打闹、追逐、投掷石块,甚至在汽车上坡时攀爬车辆,钻隔离护栏、翻越隔离桩。一旦发现汽车驶来时,由于缺乏经验,慌乱躲避,顾前不顾后,加之儿童身高较矮,易被车身、护栏或绿化隔离带遮挡,从而导致机动车驾驶人安全视距不足引发恶性交通事故。据统计,2012 年北京市发生涉及 14 岁以下(含 14 岁)少年儿童的交通死亡事故 53 起,死亡 61 人。2012 年全国因交通事故造成 3253 名少年儿童死亡,占交通事故总死亡人数的 5.4%。

(2)年轻人的心理特点。年轻人感知敏锐,应变力强,交通安全知识较丰富。但是,年轻人好胜心较强,容易冲动。一部分年轻人由于守法意识淡薄,违法倾向强,为抄近道翻越隔离护栏,骑自行车速度快,经常穿插猛拐。由于年轻人体力、精力好,从事物流行业、夜间作业的人较多,容易受到交通事故伤害。

(3)老年人的心理特点。老年人体力、精力相对较差，一些老年人听力、视力减退，头脑反应较迟钝，行动迟缓，常常不能正确估计车速和自己横穿道路的时间，准备横穿时又犹豫不决，有时行至中途看到有车驶来时，又突然退回。老年人由于腿脚不灵便，躲避不及时很容易导致事故发生。但是，也有一些老年人安全意识强，比较谨慎，对自己身体、反应能力有充分认识，不乱横穿道路，宁可绕远走过街天桥或地下通道，也不冒险和汽车抢行。行人过街设施的设计、建设、选址，应充分考虑老年人过街的需要。

(4)女性的心理特点。女性步行者一般比较小心，尤其是带小孩的女性更为谨慎。经过调查，从等待横过道路的时间来看，女性比男性平均长4s，横穿道路的速度也比男性慢。虽然女性的体力、反应能力、应急处置能力等与男性有一定差距，但由于女性守法意识较强、在交通活动中更为谨小慎微，受到交通事故伤害的概率明显低于男性，如图4-2所示。

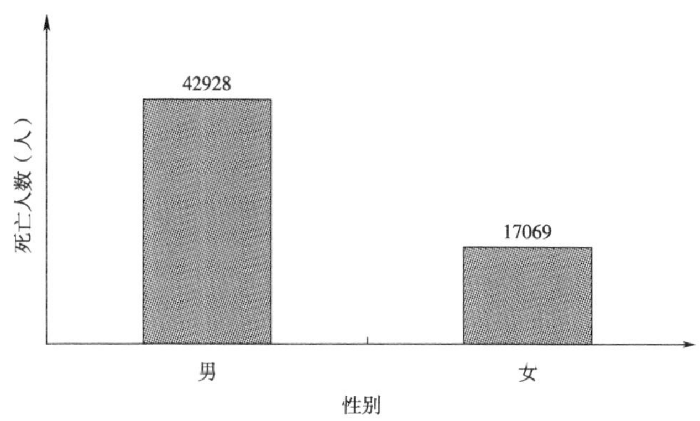

图4-2　2012年全国道路交通事故不同性别死亡人员情况

注：数据来源于公安部交通管理局2012年道路交通事故统计年报。

(5)进城务工人员的心理特点。乡村道路车辆较少，交通设施简单，交通管理没有城市道路严格，因此，很多进城务工人员缺乏交通安全常识，交通守法意识薄弱，行走时或者随心所欲、我行我素，或者不知所措，无所适从。特别是当城市道路立体过街设施缺乏指引标志或者标志提示不明时，一些缺少城市生活经验的务工人员容易铤而走险，翻越中心隔离护栏，横过封闭道路，易引发严重交通事故。

4.1.1.2 行人过街选择人行横道、地下通道、过街天桥心理研究

在车流量不大的路段，如果走人行横道需要绕行，增加步行距离，行人通常会出于省时、省力的考虑，选择抄近路而不走人行横道。目前这一现象在我国的一些城市屡见不鲜。据研究，人行横道距离行人意欲穿越的地点越近，其利用率越高，且一般距离在20m以内时，行人才乐于使用；人行横道太远，行人需要绕道，其行动路线的连续性会受到影响，人行横道利用率将下降。

在交通弱势群体事故原因分析中，行人和非机动车的"突然出现"，大多也与"违法穿越机动车道"的违法行为密切相关。"违法穿越车道"成为交通弱势群体肇事并受到事故伤害的最重要原因。由于《道路交通安全法》规定"自行车横过路段，驾驶人应下车推行"，因此本书重点研究行人和推行的非机动车驾驶人在未使用人行横道的情况下，斜插过街的行为。

考虑到路面情况比较复杂，本书交通弱势群体过街守法率模型仅针对人行横道长度为最短过街距离1～3倍范围以内的路段(详见图4-3)，模型的建立基于以下几点假设：

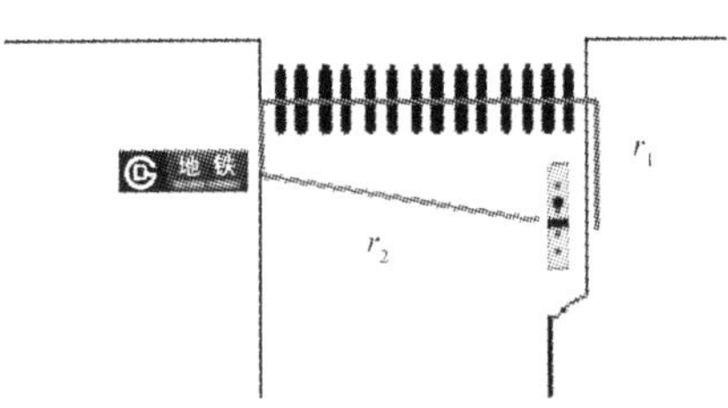

图4-3 路线示意图

假设一：交通弱势群体过街的起终点为道路两侧两个最大的

交通吸引点。

假设二:采用绝大多数守法人选择的过街距离和起终点之间的最短距离之比来表示过街距离。

假设三:根据交通弱势群体穿越道路交叉口时遇到的不同交通干扰,对干扰变量进行量化分级。

根据实际,考虑到路段设计有关要素,选定过街距离、过街阻碍、障碍物和是否有护栏四个变量作为自变量。

按照假设二有:

$$d = \frac{r_1}{r_2} \tag{4-1}$$

式中:d——过街距离;

r_1——合法过街距离;

r_2——最短过街距离。

利用 Track 轨迹采集系统对大量的交通弱势群体过街距离 d 进行记录、统计和分析,将过街距离 d 分级量化为 0 ~3 四个等级,$d\leqslant 1$,则为 0;$1 < d \leqslant 1.2$,则为 1;$1.2 < d \leqslant 1.5$,则为 2;$d > 1.5$,则为 3。

按照假设三有:

$$D = \omega_p D_p + \omega_b D_b + \omega_r D_r + \omega_l D_l + \omega_{th} D_{th} \tag{4-2}$$

式中:D——交通弱势群体在交叉口穿越时遇到的各种交通流的干扰总和;

D_p——对向交通弱势群体的干扰;

D_b——自行车的干扰;

D_r——右转机动车的干扰;

D_l——左转机动车的干扰;

D_{th}——直行机动车的干扰;

ω——干扰权重系数,取值范围为 0 ~1。

用 P_{in} 表示交通弱势群体 n 选择第 $i(i=1,\cdots,n)$ 种过街方式的概率;令 $i=0$ 代表不使用人行横道,斜穿道路;$i=1$ 代表使用人行横道,则:

$$P_{in} = \frac{e^{V_{in}}}{\sum_{j \in A_n} e^{V_{jn}}} = \frac{1}{\sum_{j \in A_n} e^{V_{jn}-V_{in}}},(i \in A_n) \tag{4-3}$$

式中:V_{in}——出行者 n 的选择方案 i 的效用的固定项;

A_n——出行者 n 的选择方案的集合。

选择特性变量:$X_{in} = (X_{in1}, \cdots, X_{ink}, \cdots, X_{inK}) = (X_{in1}, X_{in2}, X_{in3}, X_{in4}, X_{in5}, X_{in6})$,$X_{in1}$ 和 X_{in2} 是固有哑元,表示效用函数中未能表示的各种因素;X_{in3} 表示过街距离;X_{in4} 表示过街干扰;X_{in5} 表示障碍物;X_{in6} 表示是否有护栏。

其中设 O 代指停留在人行横道和便道上的障碍物。按照障碍物的体积大小将其分为 0 ~3 四个等级。$O=0$ 表示无障碍,$O=1$ 表示有电线杆等小型障碍物,$O=2$ 表示有自行车或中型障碍物,$O=3$ 表示有机动车或施工围挡等大型障碍物。则:

$$X_{in5} = \begin{cases} 0, O = 0; \\ 1, O = 1; \\ 2, O = 2; \\ 3, O = 3。 \end{cases} \tag{4-4}$$

合理的护栏设置能有效提高交通弱势群体的守法率。护栏包括中央分隔护栏和路侧护栏,本书所用数据为两种护栏的组合。护栏 B 是一个 0 ~1 的变量,$B=0$ 表示没有护栏,$B=1$ 表示有护栏。则:

$$X_{in6} = \begin{cases} 0, B = 0; \\ 1, B = 1。 \end{cases} \tag{4-5}$$

效用函数和交通参数之间有多种关系,通常设它们之间为线性关系,效用函数为:

$$V_{in} = \theta_1 X_{in1} + \theta_2 X_{in2} + \theta_3 X_{in3} + \theta_4 X_{in4} + \theta_5 X_{in5} + \theta_6 X_{in6} \tag{4-6}$$

$\theta = (\theta_1, \cdots, \theta_K)'$ 是未知的参数向量,$X_{in} = (X_{in1}, \cdots, X_{ink}, \cdots, X_{inK})$ 是出行者 n 的选择方案 i 的特性向量。将式(4-4)代入式

(4-3)中,得到选择概率 P_{in}:

$$P_{in}=\frac{\exp(\theta X_{in})}{\sum_{j\in A_n}\exp(\theta X_{in})}=\frac{1}{\sum_{j\in A_n}\exp[\sum_{k=1}^{K}\theta_k(X_{jnk}-X_{ink})]},(i\in A_n) \tag{4-7}$$

利用 SPSS 软件来标定参数,用极大似然法标定参数,在标定过程中默认牛顿拉普松(Newton - Raphson)法求解最佳值。以北京市 5 个过街处高峰小时设置护栏前后的 200 个实测数据进行参数的标定,根据上述模型及式(4-1)、式(4-2)、式(4-4)、式(4-5),得到由 4 个变量建立的 Logit 回归模型为:

$$P=\frac{\exp(9.508-4.16\times d-0.342\times O+0.808\times D+4.123\times B)}{1+\exp(9.508-4.16\times d-0.342\times O+0.808\times D+4.123\times B)} \tag{4-8}$$

经过检验,样本数 =200,$\chi^2=63.675$,$p(sig.=0.000)<0.01$,说明模型具有统计学意义。

$-2[L(c)-L(\hat{\theta})]=\chi_c^2=96.252$,$-2[L(0)-L(\hat{\theta})]=\chi_0^2=162.286$;

Hit $R=91\%$,$\rho^2=0.280$,从以上结果看,模型精度比较高。

分析计算出以下结果,见表 4-1。

分析结果 表 4-1

可变变量	其他固定变量	交通弱势群体守法率	
		$B=0$	$B=1$
$d=1$	$O=0$	0.9952	0.9999
$d=2$	$D=0$	0.7663	0.9950
$d=3$		0.0487	0.7596
$D=0$	$O=2$	0.7663	0.9950
$D=1$	$d=2$	0.8803	0.9978
$D=2$		0.9428	0.9990

由表 4-1 可以看出：

(1)一般情况下，过街距离越长，安装护栏后交通弱势群体的守法概率越高，当 $d=2$ 时，安装护栏对提高交通弱势群体的守法概率效果最为明显。

(2)人行横道上障碍物多，交通弱势群体守法率会有所下降，安装护栏后守法率提高幅度较大。

(3)交通干扰越大，交通弱势群体过街的不安全感越强，选择人行横道过街的人数会相应增加，守法率有所提高，此时可以根据人行横道长度、交通干扰程度考虑是否安装护栏。

修建过街天桥和地下通道可以完全把行人与机动车分隔开，不仅能确保行人安全过街，也避免了行人对机动车的干扰，保证了机动车快速安全行驶。过街天桥和地下通道发挥作用的大小取决于其利用率。一般，在车流量不大的情况下，若经过天桥的时间明显大于直接过街的时间，使用天桥的人数将显著下降；一旦过天桥的时间超过直接过街时间的一倍，则很少有人使用天桥。可见，如果人行天桥自然地连接行人过街最优路径，或者增加机非隔离措施，绝大多数人会自觉使用街天桥道。

4.1.1.3　行人横穿道路的心理表现

行人横穿道路或通过人行横道时，容易表现出以下心理共性：

(1)认为机动车不敢撞人或者机动车驾驶人能及时发现自己。

(2)只图省时省力。这种心理表现为抄近路、斜穿、快步抢行，一些人甚至在机动车车流中危险穿行。

(3)集团心理。当一个人横穿道路时感到势单力薄，一般都小心翼翼，而当成群结伴横穿道路时，似乎周围的人是一道屏障，在心理上产生一种盲目的安全感，很少考虑避让机动车的问题。不可否认，在多人横穿道路时，目标更易被机动车驾驶人发现，对机动车驾驶人产生的心理影响则因人因地因时而异。

(4)违法从众心理。行人在横穿道路时，看到别人抄近路穿越没有人管，认为法不责众，也跟着一起去采取“同样的行动”。

对于行人过街时等待忍耐度，北京市交通管理局和北京工业

大学曾经合作运用问卷调查的方法做过一个研究，通过对 885 份有效问卷进行统计分析，将月均收入为 1500 ~ 30000 元的人分为七段加以区分（≤1500 元、1501 ~ 2500 元、2501 ~ 3500 元、3501 ~ 5500 元、5501 ~ 10000 元、10001 ~ 20000 元、20001 ~ 30000 元），得到不同收入水平行人参与此次问卷调查的情况，见表 4-2。

不同收入水平对应的问卷份数及百分比　　表 4-2

收入水平（元）	≤1500	1501 ~ 2500	2501 ~ 3500	3501 ~ 5500	5501 ~ 10000	10001 ~ 20000	20001 ~ 30000
调查人数（人）	313	338	130	74	24	5	1
比例	35.37%	38.19%	14.69%	8.36%	2.71%	0.56%	0.11%

根据表 4-2，收入在 2500 元及其以下的参与调查者最多，占被调查者总数的 73.56%；中等收入水平也就是收入在 2501 ~ 5500 元之间的参与调查者占到总数的 23.05%；高收入者，即收入在 5501 ~ 30000 元的参与调查者最少，只占到总数的 3.38% 左右。可见，路口等待过街的步行者以中低收入水平的人为主。

通过对数据的整理分析，发现不同收入水平的群体路口等待的忍耐度有所不同。七个群体按照收入水平从低到高的顺序，他们在路口的平均等待时间分别是：131s、128s、129s、126s、134s、168s 和 181s。将七个不同收入水平的群体在等候时间最短的信号控制路口的平均等候时间绘成折线图，如图 4-4 所示。

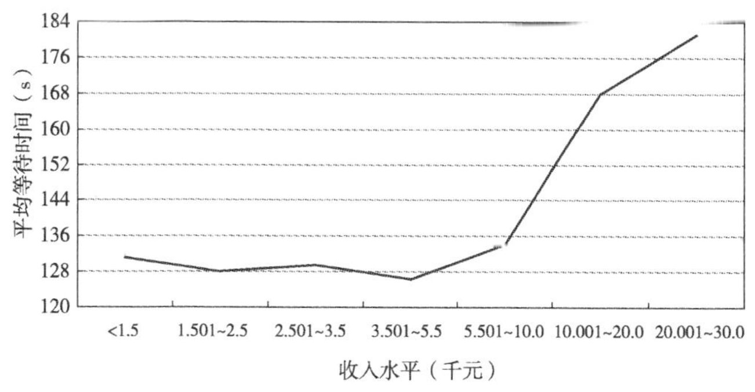

图 4-4　不同收入水平群体在等候时间最短的信号控制路口的平均等待时间分布图

在等候时间最长的信号控制路口,不同收入群体的平均等候时间呈波浪状起伏。总的来看,高收入水平群体的平均等待时间最长,中等收入水平和低收入水平群体的平均等待时间大致相当,远低于高收入水平群体的平均等待时间。

4.1.2 行人交通技术特性

行人出行目的不一样,其通过道路的速度也不一样。上班时一般步行速度较快,而上街购物时,其步行速度较慢。在交通信号配时设计时,应该改变以汽车流量来确定绿灯时间这种"以车为本"的做法。最短绿灯时间应满足不同人群过街时的安全需要,最长红灯时间应充分考虑到行人过街的心理忍耐极限。满足行人安全过街的需要,才是"以人为本"的体现。

研究[49~52]显示,一个走动的人的身体需要占用45~60cm的宽度,这个活动宽度不包括行人肩并肩、用拐杖、轮椅或推着购物车行走的情形。表4-3显示了不同类型行人出行需要的平均活动宽度。《美国残疾人通行指南ADAAG》指出残疾轮椅车旋转180°需要1.525m^{2}的面积[53]。

不同类型行人行走所需宽度　　表4-3

情　形	平均活动宽度(m)	调查的地段
行走的行人	0.5	人行便道、人行横道
坐着轮椅的行人	0.88	人行便道、人行横道
溜冰者	1.8	人行便道

在穿越机动车道时,行人行走速度为0.8~1.8m/s[54],《美国统一交通控制设施手册(MUTCD)》采用的行人步速为1.2m/s[55],但是《联邦公路管理局(FHWA)行人设计指南》推荐了更低的步速1.1m/s[56,57],尤其在儿童和老年人集中的地段采用了更低的步速。《公路安全手册(HCM)2000》指出[58],过街行人中老人超过20%的,行人平均步速下降到0.9m/s。

4.2 自行车交通特性

在各种交通方式中，自行车以其灵活方便、操纵简单、用途多样、费用低廉、适合不同年龄层次人群使用而受到人们的欢迎，特别是在交通日趋拥堵、环境污染严重的城市中，自行车是便捷、绿色的代步工具。在20世纪80年代初，我国拥有自行车近1亿辆，到20世纪末已超过5亿辆，仅北京就接近1000万辆（详见《附录1 2011年、2012年北京市非机动车保有量统计表》）。

4.2.1 自行车交通心理

因年龄、职业、性别的差异，自行车驾驶人会有不同的交通心理表现。由于自行车作为一种特殊出行工具，自行车驾驶人整体上又具有一些共性的交通心理特点。

（1）恐惧心理。由于缺少封闭的空间，自行车驾驶人无论在生理方面还是在心理方面都容易受到外界环境的直接影响和干扰，自身的安全得不到任何防护，所以自行车驾驶人惧怕机动车，尤其是大型机动车。此外，自行车具有不稳定性，在参与交通活动时，自行车驾驶人在心理上容易受到来自机动车的压力。机动车和自行车混合行驶时，机动车与自行车距离越近，自行车驾驶人的心理压力就越大、越害怕，特别是夹在两辆机动车中间，自行车驾驶人的心理恐惧尤为严重。在恐惧心理的作用下，自行车驾驶人容易因高度紧张、惊慌失措，酿成交通事故。

（2）求快心理。无论因何目的出行，省时、快捷、安全地到达目的地是自行车驾驶人普遍的心理需要。自行车轻便、灵活，能连续行驶而不需要换乘，不因交通阻塞长时间等候贻误时间，也可免受公交车厢拥挤之苦，因此，不少中短途出行人士乐于使用自行车。但一些自行车驾驶人为了抢时间，争先恐后追逐竞驶表现非常明显。有些人骑行时，低头猛蹬，逢空即穿，见慢就超，有缝就挤，曲线行驶；有些明知机动车已到身旁，也敢冒险超越，甚至逼迫机动车驾驶人紧急制动避让。自行车快速超越行驶，极易诱发交通事故。

(3)独行心理。由于自行车的速度、稳定性和行驶所占道路面积有直接关系,行驶速度越慢,稳定性越差,行驶轨迹越曲折,行驶所需道路的宽度就越大,也越容易摔倒。因此,自行车驾驶人一般不愿与其他人一起扎堆骑行,而是要保持必要的纵向、横向距离,以免他人影响自己骑行,因此道路上的自行车相对比较分散。另一方面,由于自行车行驶速度与驾驶人的体力直接相关,年龄性别不同,骑行速度也会不同。

(4)违法从众心理。认为只有自己的行为与多数人一致时,才感到安稳,否则就觉得孤立的心理,在社会心理中被称之为社会从众心理。在道路交通中常会看到,只要有一个自行车驾驶人违法行驶而又无人制止,立即就会有一群自行车驾驶人效仿,一拥而上,随后人数越来越多。这种现象不仅会造成道路通行秩序混乱,容易引起交通阻塞,而且往往险象环生,甚至引发事故。

(5)习惯心理。人们不断重复的行为往往会形成习惯,习惯行为往往是无意识的。另外,人的习惯又有好坏之分。具有良好习惯的自行车驾驶人,无论何时何地,在任何情况下都能自觉遵守交通法规,一看到道路上有非机动车道就自觉地进入非机动车道骑行;具有不良习惯的自行车驾驶人在骑行中随心所欲,我行我素,只要无人管理,往往明知故犯地违法骑行。交通法规和交通安全宣传教育的目的就是使人们养成遵守交通法规的良好习惯。

4.2.2 自行车交通技术特性

4.2.2.1 骑行平衡特性

自行车是完全依靠人体控制平衡的不稳定型交通工具。造成自行车不稳定的原因主要有:一是自行车的重心高,经调查测量,自行车驾驶人的质量一般大于自行车自身质量,如28型号自行车的质量约为18kg,而人的质量一般为55kg以上,人骑上自行车后,人的重心较高,人车系统的重心也较高。二是自行车轮胎与地面接触的面积很小,如28型号自行车在自行车驾驶人质量为55kg的情况下,车轮胎与地面接触的面积,随轮胎气压不同而变化,气压分别为 35N/cm^2、28N/cm^2、21N/cm^2 和 14N/cm^2 时，轮胎与地面的接触面积分别为 23cm^2、26cm^2、30cm^2 和 38cm^2。三是自行车由于结构特点，在停驻或减速时，侧向稳定性差，很容易倾倒或左右摇摆。同时，由于人高居车上，所受到的空气阻力和风的推力较大，在这种不稳定的条件下，自行车驾驶人任何细小的差错，都很容易失去平衡而摔倒，导致交通事故的发生。

4.2.2.2　骑行蛇形轨迹特性

自行车在道路上的运行轨迹不同于机动车，是蛇形轨迹。原因是自行车运行时靠自行车车把和骑车人本身的重心左右移动来调节平衡并控制方向，加上自行车在正常运行时骑车人的重心不断变化，所以，自行车往往左右摇摆而形成蛇形轨迹。

自行车运行时蛇形轨迹的宽度与自行车运行时的速度、骑车人的技能以及道路条件有关。危险度随蛇形轨迹的宽度增加而增大。经过调查测算，自行车以 16～17km/h 的速度行驶在平坦的道路上，蛇形运行的宽度为 60cm 左右。刚学会骑自行车者比经常骑自行车者蛇形轨迹宽；小学生比成年人骑车的蛇形轨迹宽；坐垫偏高或偏低的自行车比坐垫适中的自行车运行的蛇形轨迹要宽。由此可见，自行车在运行时的动态平衡是一种不稳定平衡。

测试证实，自行车驾驶人至少需要宽度为 1m 的操作空间[59]，如果车流量很大，机动车和非机动车混行严重，或者在信号灯控制路口，更为理想的空间宽度应该大于 1.5m[60]，因为自行车行驶时，一般距离路边 0.8～1m，再加上蛇形前进的特点，需要的空间会更大（详见图 4-5）。

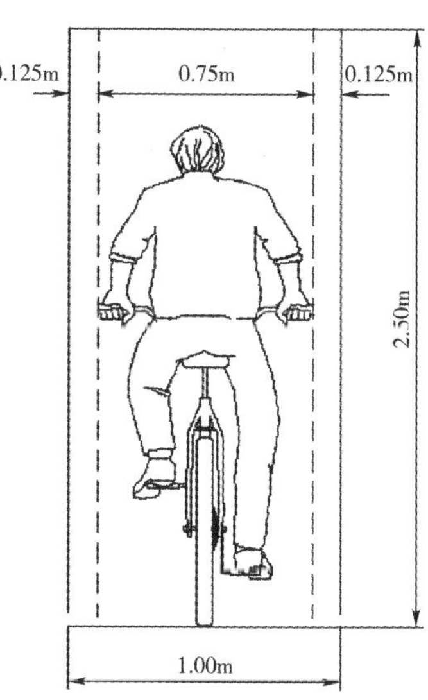

图 4-5　自行车运行所需空间

4.3 风险行为分析

翻阅北京400起交通死亡事故共计3800多页案卷,其中行人死亡事故130起,非机动车驾驶人死亡事故125起,两者合计占总数的57%;行人肇事死亡事故52起,占行人死亡事故总数的40%;非机动车驾驶人肇事死亡55起,占非机动车驾驶人死亡事故总数的44%。通过当事人供述、民警描述以及现场照片等调查总结,发现一些交通弱势群体不良行为与习惯是导致事故发生的重要原因(详见表4-4)。

交通弱势群体风险行为　　表4-4

出行主体	行为与习惯描述	占行人或非机动车死亡事故比例(%)
行人	附近有安全过街设施,但没有借用安全设施横过道路	9.42
	步行通过城市快速路或高速公路	1.26
	从静止的大型车辆前快速横过道路	3.14
	在横过道路过程中突然后退	1.88
	过量饮酒后独自行走	0.94
	对儿童的安全注意不足	1.55
	紧贴正欲或正在倒车的车辆后面行走	1.26
	指挥倒车	0.61
	在道路上突然躲避井口、积水	0.61
	紧贴大型车辆行走或等候过街	1.55
	睡在停驻车辆的场院、施工场地内及其进出口处	0.94
	夜间或清晨着深色衣装行路、散步、横穿道路	7.83
	夜间在车道中心线处停留	1.55
	在隧道口处、地下停车场出口处站立等待	0.61

续上表

出行主体	行为与习惯描述	占行人或非机动车死亡事故比例(%)
非机动车驾驶人	突然猛拐进入机动车道	11.41
	在自行车车道内紧贴并行	0.98
	紧贴水泥罐车、大货车、公共汽车右侧骑行	4.89
	遇前方右转弯水泥罐车、重型货车等大型车辆强行贴近、穿插	4.24
	酒后骑自行车	1.63
	超速驾驶电动自行车、残疾人专用车	1.96
	老年人长距离骑自行车、三轮车	10.11
	夜间骑灯具不合格的自行车	1.63
	雨雪天过路口、高速公路出口	12.07
	快速骑行通过路口	0.65
	在封闭道路(高速公路、城市快速路)上驾驶非机动车	0.98
	驾驶机件等不合格的非机动车	2.4

首先对常见的、容易影响交通安全的100种机动车违法行为进行分类(见附录2),筛选出54种相关违法行为,并通过处罚及事故情况估算其发生概率(见附录3)。

由于交警在处罚违法行为时有不同偏好,处罚重点是罚金额度大或容易发现的一些违法行为,因此根据对200名一线执勤交警和100名学生的调查统计结果,对表4-4的数据进行修正,同时根据表3-2,对表4-5进行拆分得到表4-6。

北京城市中心区2009—2011年违法行为处罚情况 表4-5

风险	相关机动车违法行为种类	处罚比例 (相关违法处罚数量/总处罚数量,%)
A	51	40.34
B	17	10.84
C	12	10.24
D	34	17.31
E	17	10.52
F	20	10.75

违法行为比例情况　　表4-6

风险	包含机动车驾驶人违法行为的基本事件	所占比例(%)
A	X_{21}驾驶人导致视线障碍的违法驾驶行为	20
	X_{23}驾驶人风险行为	72
B	X_{32}驾驶人违法驾驶行为	25
C	X_{41}驾驶人风险行为	20
D	X_{51}驾驶人风险行为	35
E	X_{72}驾驶人违法驾驶行为	19
F	X_{82}驾驶人违法驾驶行为	25

对上述200名一线执勤交警和100名学生进行的调查问卷结果见表4-7。

问　卷　统　计　　表4-7

出行主体	行为与习惯描述	感觉"多"的比例(%)	感觉"自己经常也会"的比例(%)	平均比例(%)
行人	附近有安全过街设施，但没有借用安全设施横过道路的	95	60	78
	步行通过城市快速路或高速公路	2	0	1
	从静止的大型车辆前快速横过道路	95	93	94
	在横过道路过程中突然后退	20	13	17
	过量饮酒后独自行走	35	8	22
	对儿童的安全注意不足	74	15	45
	紧贴正欲或正在倒车的车辆后面行走	70	65	68

续上表

出行主体	行为与习惯描述	感觉"多"的比例(%)	感觉"自己经常也会"的比例(%)	平均比例(%)
行人	指挥倒车	62	70	66
	在道路上突然躲避井口、积水	56	60	58
	紧贴大型车辆行走或等候过街	63	54	59
	睡在停驻车辆的场院、施工场地内及其进出口处	30	0	15
	夜间或清晨着深色衣装行路、散步、横穿道路	98	95	97
	夜间在车道中心线处停留	94	86	90
	在隧道口处、地下停车场出口处站立等待	54	67	61
非机动车驾驶人	突然猛拐进入机动车道	97	17	57
	在自行车车道内紧贴并行	65	3	34
	紧贴水泥罐车、大货车、公共汽车右侧骑行	45	9	27
	遇前方右转弯水泥罐车、重型货车等大型车辆强行贴近、穿插	36	5	21
	酒后骑自行车	12	1	7
	超速驾驶电动自行车、残疾人专用车	92	2	47
	老年人长距离骑自行车、三轮车	90	0	45
	夜间骑灯具不合格的自行车	50	3	27
	雨雪天过路口、高速公路出口	21	5	13
	快速骑行通过路口	98	20	59
	在封闭道路(高速公路、城市快速路)上驾驶非机动车	13	0	7
	驾驶机件等不合格的非机动车	56	4	30

根据附录4，计算 q_{23}、q_{33}、q_{42}、q_{52}、q_{73}、q_{83} 分别是50%、65%、46%、50%、55%、50%。

对于风险 $A \sim E$，包含在同种风险类别里的交通弱势群体不同的风险行为对于事故发生存在"或门"关系，所以"严重因子"（q_1）系数相同。风险行为的分析主要应用到式(3-6)，由于现实中难以获得精确的概率数值，其中概率的取值均以统计、估计、调查的百分比代替，计算结果仅用于区分交通弱势群体风险行为等级。具体估值方法见表4-8。

估 值 方 法　　表4-8

符号或类别	取　值
严重因子系数 q_1	表4-4 中死亡事故比例项
基本事件发生概率	表4-6 所占比例
弱势群体风险行为发生概率	表4-7 平均比例项
设计不合理的公交站台 q_{31}	P_0
不合理的线形设计 q_{71}	
不合理的设施设计 q_{81}	
q_6	P_1
q_{15}、q_{16}	P_2
q_{12}、q_{13}、q_{14}	P_3

计算"附近有安全过街设施，但没有借用安全设施横过道路的"关键重要度系数如下：

第一步：根据式(3-16)

$$I_g(23) = \frac{\partial P(T)}{\partial q_{23}} = q_1[(q_{21}q_{22} + q_{31}q_{32}q_{33}) + (q_{41}q_{42} + q_{51}q_{52} + q_6)q_{15} + (q_{81}q_{82}q_{83} + q_{71}q_{72}q_{73}) + (q_9 + q_{10} + q_{11})q_{16} + (q_{12} + q_{13} + q_{14})]$$

第二步：根据表4-7的估值方法：

$$I_g(23) = 23.1 \times 10^{-4}[(20 \times 72 + p_0 25 q_{33}) + 2(20 q_{42} + 35 q_{52} + p_1)p_2 + (p_0 25 q_{83} + p_0 19 q_{73}) + 3p_3]$$

第三步:将上述 q_{23}、q_{33}、q_{42}、q_{52}、q_{73}、q_{83} 的值代入上式得出:

$$\begin{aligned} I_g(23) &= 23.1\times10^{-4}[(20\times72+65p_0 25)+2(20\times46 \\ &\quad +35\times50+p_1)p_2+(55p_0 25+50p_0 19)+3p_3] \\ &= 23.1\times10^{-4}(1440+3950p_0+5340p_2+2p_1p_2+3p_3) \\ &= 3.3+9.1p_0+12.3p_2+0.0046p_1p_2+0.0069p_3 \end{aligned} \tag{4-9}$$

同理,计算出:

$$\begin{aligned} I_g(33) &= \frac{\partial P(T)}{\partial q_{33}} = q_1[(q_{21}q_{22}q_{23}+q_{31}q_{32})+(q_{41}q_{42} \\ &\quad +q_{51}q_{52}+q_6)q_{15}+(q_{81}q_{82}q_{83}+q_{71}q_{72}q_{73}) \\ &\quad +(q_9+q_{10}+q_{11})q_{16}+(q_{12}+q_{13}+q_{14})] \\ &= 165.6+0.14p_0+12.3p_2+0.0046p_1p_2+0.0069p_3 \end{aligned} \tag{4-10}$$

$$\begin{aligned} I_g(42) &= \frac{\partial P(T)}{\partial q_{42}} = q_1[(q_{21}q_{22}q_{23}+q_{31}q_{32}q_{33})+(q_{41} \\ &\quad +q_{51}q_{52}+q_6)q_{15}+(q_{81}q_{82}q_{83}+q_{71}q_{72}q_{73}) \\ &\quad +(q_9+q_{10}+q_{11})q_{16}+(q_{12}+q_{13}+q_{14})] \\ &= 165.6+9.1p_0+0.89p_2+0.0046p_1p_2+0.0069p_3 \end{aligned} \tag{4-11}$$

$$\begin{aligned} I_g(52) &= \frac{\partial P(T)}{\partial q_{52}} = q_1[(q_{21}q_{22}q_{23}+q_{31}q_{32}q_{33})+(q_{42}q_{41} \\ &\quad +q_{51}+q_6)q_{15}+(q_{81}q_{82}q_{83}+q_{71}q_{72}q_{73}) \\ &\quad +(q_9+q_{10}+q_{11})q_{16}+(q_{12}+q_{13}+q_{14})] \\ &= 165.6+9.1p_0+4.3p_2+0.0046p_1p_2+0.0069p_3 \end{aligned} \tag{4-12}$$

$$I_g(73) = \frac{\partial P(T)}{\partial q_{73}} = q_1[(q_{21}q_{22}q_{23}+q_{31}q_{32}q_{33})+(q_{42}q_{41}$$

$$+ q_{52}q_{51} + q_6)q_{15} + (q_{81}q_{82}q_{83} + q_{71}q_{72})$$
$$+ (q_9 + q_{10} + q_{11})q_{16} + (q_{12} + q_{13} + q_{14})]$$
$$= 165.6 + 7.8p_0 + 12.3p_2 + 0.0046p_1p_2 + 0.0069p_3 \tag{4-13}$$

$$I_g(83) = \frac{\partial P(T)}{\partial q_{83}} = q_1[(q_{21}q_{22}q_{23} + q_{31}q_{32}q_{33}) + (q_{42}q_{41}$$
$$+ q_{52}q_{51} + q_6)q_{15} + (q_{81}q_{82} + q_{71}q_{72}q_{73})$$
$$+ (q_9 + q_{10} + q_{11})q_{16} + (q_{12} + q_{13} + q_{14})]$$
$$= 165.6 + 6.4p_0 + 12.3p_2 + 0.0046p_1p_2 + 0.0069p_3 \tag{4-14}$$

由以上公式与附录4可以得出，危险行为关键重要度系数，见表4-9。

危险行为关键重要度系数 表4-9

出行主体	行为与习惯描述	$\sum I_g^c(i)$			
		常数	系数		
			P_0	P_2	P_1P_2
行人	附近有安全过街设施，但没有借用安全设施横过道路的	830.80	41.64	54.39	0.04
	步行通过城市快速路或高速公路	64.76	3.39	2.28	0.00
	从静止的大型车辆前快速横过道路	167.32	11.75	9.97	0.01
	在横过道路过程中突然后退	66.20	3.64	1.04	0.00
	过量饮酒后独自行走	33.43	2.60	2.89	0.00
	对儿童的安全注意不足	82.58	5.57	4.92	0.00
	紧贴正欲或正在倒车的车辆后面行走	22.31	1.23	0.58	0.00
	指挥倒车	0.22	0.59	0.80	0.00
	在道路上突然躲避井口、积水	32.60	2.20	1.94	0.00
	紧贴大型车辆行走或等候过街	0.55	1.50	2.03	0.00

续上表

出行主体	行为与习惯描述	$\sum I_g^c(i)$			
		常数	系数		
			P_0	P_2	P_1P_2
行人	睡在停驻车辆的场院、施工场地内及其进出口处	0.33	0.91	1.23	0.00
	夜间或清晨着深色衣装行路、散步、横穿道路	555.38	34.64	35.14	0.03
	夜间在车道中心线处停留	109.92	6.86	6.95	0.01
	在隧道口处、地下停车场出口处站立等待	10.79	0.59	0.28	0.00
非机动车驾驶人	突然猛拐进入机动车道	809.93	42.90	51.24	0.04
	在自行车车道内紧贴并行	17.27	0.95	0.09	0.00
	紧贴水泥罐车、大货车、公共汽车右侧骑行	1.72	4.75	6.42	0.00
	遇前方右转弯水泥罐车、重型货车等大型车辆强行贴近、穿插	76.33	8.23	5.96	0.01
	酒后骑自行车	58.14	4.28	5.03	0.00
	超速驾驶电动自行车、残疾人专用车	104.31	6.76	8.60	0.01
	老年人长距离骑自行车、三轮车	581.39	42.78	44.33	0.04
	夜间骑灯具不合格的自行车	538.91	34.94	40.75	0.03
	雨雪天过路口、高速路出口	28.78	1.58	0.15	0.00
	快速骑行通过路口	217.24	23.42	16.97	0.02
	在封闭道路(高速公路、城市快速路)上驾驶非机动车	34.54	1.81	1.22	0.00
	驾驶机件等不合格的非机动车	34.88	2.57	2.66	0.00

注:P_0、P_1、P_2 含义参见表4-8。

考虑到行人出行与非机动车出行具有不同特点,所以分别对两种出行方式进行分级分类比较。对行人和非机动车出行安全关键重要度系数的常数和系数分别排序,见表4-10和表4-11。

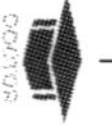

行人危险行为排序

表 4-10

危险行为排序 1	常数	危险行为排序 2	P_0	危险行为排序 3	P_2	危险行为排序 4	P_1P_2
附近有安全过街设施，但没有借用安全设施横过道路	830.80	附近有安全过街设施，但没有借用安全设施横过道路	41.64	附近有安全过街设施，但没有借用安全设施横过道路	54.39	附近有安全过街设施，但没有借用安全设施横过道路	0.041
夜间或清晨着深色衣装行路、散步、横穿道路	555.38	夜间或清晨着深色衣装行路、散步、横穿道路	34.64	夜间或清晨着深色衣装行路、散步、横穿道路	35.14	夜间或清晨着深色衣装行路、散步、横穿道路	0.029
从静止的大型车辆前快速横过道路	167.32	从静止的大型车辆前快速横过道路	11.75	从静止的大型车辆前快速横过道路	9.97	从静止的大型车辆前快速横过道路	0.009
夜间在车道中心线处停留	109.92	夜间在车道中心线处停留	6.86	夜间在车道中心线处停留	6.95	夜间在车道中心线处停留	0.006
对儿童的安全注意不足	82.58	对儿童的安全注意不足	5.57	对儿童的安全注意不足	4.92	对儿童的安全注意不足	0.005
在横过道路过程中突然后退	66.20	在横过道路过程中突然后退	3.64	过量饮酒后独自行走	2.89	在横过道路过程中突然后退	0.003
步行通过城市快速路或高速公路	64.76	步行通过城市快速路或高速公路	3.39	步行通过城市快速路或高速公路	2.28	步行通过城市快速路或高速公路	0.003
过量饮酒后独自行走	33.43	过量饮酒后独自行走	2.60	紧贴大型车辆行走或等候过街	2.03	过量饮酒后独自行走	0.002

续上表

危险行为排序1	常　数	危险行为排序2	P_0	危险行为排序3	P_2	危险行为排序4	P_1P_2
在道路上突然躲避井口、积水	32.60	在道路上突然躲避井口、积水	2.20	在道路上突然躲避井口、积水	1.94	在道路上突然躲避井口、积水	0.002
紧贴正欲或正在倒车的车辆后面行走	22.31	紧贴大型车辆行走或等候过街	1.50	睡在停驻车辆的场院、施工场地内及其进出口处	1.23	紧贴大型车辆行走或等候过街	0.001
在隧道口处、地下停车场出口处站立等待	10.79	紧贴正欲或正在倒车的车辆后面行走	1.23	在横过道路过程中突然后退	1.04	紧贴正欲或正在倒车的车辆后面行走	0.001
紧贴大型车辆行走或等候过街	0.55	睡在停驻车辆的场院、施工场地内及其进出口处	0.91	指挥倒车	0.80	睡在停驻车辆的场院、施工场地内及其进出口处	0.001
睡在停驻车辆的场院、施工场地内及其进出口处	0.33	在隧道口处、地下停车场出口处站立等待	0.59	紧贴正欲或正在倒车的车辆后面行走	0.58	指挥倒车	0.000
指挥倒车	0.22	指挥倒车	0.59	在隧道口处、地下停车场出口处站立等待	0.28	在隧道口处、地下停车场出口处站立等待	0.000

注：P_0、P_1、P_2 含义参见表4-8。

非机动车驾驶人危险行为排序

表 4-11

危险行为排序 1	常　数	危险行为排序 2	P_0	危险行为排序 3	P_2	危险行为排序 4	P_1P_2
突然猛拐进入机动车道	809.93	突然猛拐进入机动车道	42.90	突然猛拐进入机动车道	51.24	突然猛拐进入机动车道	0.042
老年人骑自行车、三轮车	581.39	老年人骑自行车、三轮车	42.78	老年人骑自行车、三轮车	44.33	老年人骑自行车、三轮车	0.036
夜间骑灯具不合格的自行车	538.91	夜间骑灯具不合格的自行车	34.94	夜间骑灯具不合格的自行车	40.75	夜间骑灯具不合格的自行车	0.030
快速骑行通过路口	217.24	快速骑行通过路口	23.42	快速骑行通过路口	16.97	快速骑行通过路口	0.018
超速驾驶电动自行车、残疾人专用车	104.31	遇前方右转弯水泥罐车、重型货车等大型车辆强行贴近、穿插	8.23	超速驾驶电动自行车、残疾人专用车	8.60	遇前方右转弯水泥罐车、重型货车等大型车辆强行贴近、穿插	0.006
遇前方右转弯水泥罐车、重型货车等大型车辆强行贴近、穿插	76.33	超速驾驶电动自行车、残疾人专用车	6.76	紧贴水泥罐车、大货车、公共汽车右侧骑行	6.42	超速驾驶电动自行车、残疾人专用车	0.006
酒后骑自行车	58.14	紧贴水泥罐车、大货车、公共汽车右侧骑行	4.75	遇前方右转弯水泥罐车、重型货车等大型车辆强行贴近、穿插	5.96	紧贴水泥罐车、大货车、公共汽车右侧骑行	0.004

续上表

危险行为排序 1	常　数	危险行为排序 2	P_0	危险行为排序 3	P_2	危险行为排序 4	P_1P_2
驾驶不合格的非机动车	34.88	酒后骑自行车	4.28	酒后骑自行车	5.03	酒后骑自行车	0.004
在封闭道路(高速公路、城市快速路)上驾驶非机动车	34.54	驾驶不合格非机动车	2.57	驾驶不合格非机动车	2.66	驾驶不合格非机动车	0.002
雨雪天过路口、高速公路出口	28.78	在封闭道路(高速公路、城市快速路)上驾驶非机动车	1.81	在封闭道路(高速公路、城市快速路)上驾驶非机动车	1.22	在封闭道路(高速公路、城市快速路)上驾驶非机动车	0.001
在自行车车道内紧贴并行	17.27	雨雪天过路口、高速路出口	1.58	雨雪天过路口、高速公路出口	0.15	雨雪天过路口、高速公路出口	0.001
紧贴水泥罐车、大货车、公共汽车右侧骑行	1.72	在自行车车道内紧贴并行	0.95	在自行车车道内紧贴并行	0.09	在自行车车道内紧贴并行	0.001

注:P_0、P_1、P_2 含义参见表4-8。

4.4 本章小结

本章通过总结、实验、统计分析的方法,从出行主体交通心理特性与交通方式的技术特性两个角度出发,分别研究了行人交通特性与自行车交通特性,其中行人交通特性重点探讨研究了行人违法过街的有关行为选择特征。最后本章利用事故树分析的基本原理,结合调查数据,分别对行人和非机动车驾驶人的交通风险行为进行了深入定量分析。

5　城市交通弱势群体交通事故风险评价与控制

由于考虑了各个危险行为造成严重事故的比例，所以第4章中危险行为按照严重性从重到轻的排序对整个社会或者管理部门有较好的参考价值。例如“在封闭道路上驾驶非机动车”行为，对社会而言只能算作是一般的危险行为，毕竟这种行为造成的道路交通事故和死亡事故数量有限，但对于个人而言，这是非常严重的违法行为和危险行为。本章将就个人危险行为进行评价，同时提出自我意识的提示和控制方法。

由第4章研究可知，无论何种危险行为的关键重要度系数都与设计不合理的公交站台（q_{31}）、不合理的线形设计（q_{71}）、不合理的设施设计（q_{81}）的估值有关系，这些参数和交通参与者的交通守法意识共同构成了区域交通管理程度的差异。除此之外，还有交通流量、平均车速等，这些交通运行指标的不同，将会导致区域间的安全状况不同，本章研究区域交通事故风险的评价和控制。

5.1　城市交通弱势群体风险行为评价

不考虑风险行为造成事故的现实比例，行人、非机动车驾驶人风险行为排序见表5-1和表5-2。

表 5-1

行人危险行为排序

危险行为排序 1	常　数	危险行为排序 2	P_0	危险行为排序 3	P_2	危险行为排序 4	P_1P_2
附近有安全过街设施，但没有借用安全设施横过道路的	830.8	附近有安全过街设施，没有借用安全设施横过道路的	41.64	附近有安全过街设施，但没有借用安全设施横过道路的	54.39	附近有安全过街设施，但没有借用安全设施横过道路的	0.0414
夜间或清晨着深色衣装行路、散步、横穿道路	665.3	夜间或清晨着深色衣装行路、散步、横穿道路	41.5	夜间或清晨着深色衣装行路、散步、横穿道路	42.09	夜间或清晨着深色衣装行路、散步、横穿道路	0.0345
夜间在车道中心线处停留	665.3	夜间在车道中心线处停留	41.5	夜间在车道中心线处停留	42.09	夜间在车道中心线处停留	0.0345
从静止的大型车辆前快速横过道路	499.8	从静止的大型车辆前快速横过道路	35.1	从静止的大型车辆前快速横过道路	29.79	从静止的大型车辆前快速横过道路	0.0276
对儿童的安全注意不足	499.8	对儿童的安全注意不足	33.7	对儿童的安全注意不足	29.79	对儿童的安全注意不足	0.0276
在道路上突然躲避井口、积水	499.8	在道路上突然躲避井口、积水	33.7	在道路上突然躲避井口、积水	29.79	在道路上突然躲避井口、积水	0.0276

续上表

危险行为排序1	常　数	危险行为排序2	P_0	危险行为排序3	P_2	危险行为排序4	P_1P_2
步行通过城市快速路或高速公路	496.5	步行通过城市快速路或高速公路	26	过量饮酒后独自行走	28.9	过量饮酒后独自行走	0.0207
过量饮酒后独自行走	334.3	过量饮酒后独自行走	26	步行通过城市快速路或高速公路	17.49	步行通过城市快速路或高速公路	0.0207
在横过道路过程中突然后退	331	在横过道路过程中突然后退	18.2	指挥倒车	12.3	在横过道路过程中突然后退	0.0138
紧贴正欲或正在倒车的车辆后面行走	165.5	紧贴正欲或正在倒车的车辆后面行走	9.1	紧贴大型车辆行走或等候过街	12.3	指挥倒车	0.0069
在隧道口处、地下停车场出口处站立等待	165.5	在隧道口处、地下停车场出口处站立等待	9.1	睡在停驻车辆的场院、施工场地内及其进出口处	12.3	紧贴大型车辆行走或等候过街	0.0069
指挥倒车	3.3	指挥倒车	9.1	在横过道路过程中突然后退	5.19	睡在停驻车辆的场院、施工场地内及其进出口处	0.0069
紧贴大型车辆行走或等候过街	3.3	紧贴大型车辆行走或等候过街	9.1	紧贴正欲或正在倒车的车辆后面行走	4.3	紧贴正欲或正在倒车的车辆后面行走	0.0069
睡在停驻车辆的场院、施工场地内及其进出口处	3.3	睡在停驻车辆的场院、施工场地内及其进出口处	9.1	在隧道口处、地下停车场出口处站立等待	4.3	在隧道口处、地下停车场出口处站立等待	0.0069

注：P_0、P_1、P_2 含义参见表4-8。

非机动车驾驶人危险行为排序 表 5-2

危险行为排序 1	常　数	危险行为排序 2	P_0	危险行为排序 3	P_2	危险行为排序 4	P_1P_2
突然猛拐进入机动车道	665.3	突然猛拐进入机动车道	35.24	突然猛拐进入机动车道	42.09	突然猛拐进入机动车道	0.0345
超速驾驶电动自行车、残疾人专用车	499.8	超速驾驶电动自行车、残疾人专用车	32.4	超速驾驶电动自行车、残疾人专用车	41.2	超速驾驶电动自行车、残疾人专用车	0.0276
夜间骑灯具不合格的自行车	499.8	夜间骑灯具不合格的自行车	32.4	夜间骑灯具不合格的自行车	37.79	夜间骑灯具不合格的自行车	0.0276
在封闭道路（高速公路、城市快速路）上驾驶非机动车	496.5	在封闭道路（高速公路、城市快速路）上驾驶非机动车	26	酒后骑自行车	28.9	酒后骑自行车	0.0207
酒后骑自行车	334.3	酒后骑自行车	24.6	老年人骑自行车、三轮车	25.49	老年人骑自行车、三轮车	0.0207
老年人骑自行车、三轮车	334.3	老年人骑自行车、三轮车	24.6	驾驶不合格的非机动车	25.49	驾驶不合格的非机动车	0.0207
驾驶不合格的非机动车	334.3	驾驶不合格的非机动车	24.6	在封闭道路（高速公路、城市快速路）上驾驶非机动车	17.49	在封闭道路（高速公路、城市快速路）上驾驶非机动车	0.0207

续上表

危险行为排序1	常　数	危险行为排序2	P_0	危险行为排序3	P_2	危险行为排序4	P_1P_2
遇前方右转弯水泥罐车、重型货车等大型车辆强行贴近、穿插	168.8	遇前方右转弯水泥罐车、重型货车等大型车辆强行贴近、穿插	18.2	遇前方右转弯水泥罐车、重型货车等大型车辆强行贴近、穿插	13.19	遇前方右转弯水泥罐车、重型货车等大型车辆强行贴近、穿插	0.0138
快速骑行通过路口	168.8	快速骑行通过路口	18.2	快速骑行通过路口	13.19	快速骑行通过路口	0.0138
在自行车车道内紧贴并行	165.5	在自行车车道内紧贴并行	9.1	紧贴水泥罐车、大货车、公共汽车右侧骑行	12.3	紧贴水泥罐车、大货车、公共汽车右侧骑行	0.0069
雨雪天过路口、高速公路出口	165.5	雨雪天过路口、高速公路出口	9.1	在自行车车道内紧贴并行	0.89	在自行车车道内紧贴并行	0.0069
紧贴水泥罐车、大货车、公共汽车右侧骑行	3.3	紧贴水泥罐车、大货车、公共汽车右侧骑行	9.1	雨雪天过路口、高速公路出口	0.89	雨雪天过路口、高速公路出口	0.0069

注：P_0、P_1、P_2 含义参见表4-8。

对各种危险行为的危险度完成分级，就可以对城市交通弱势群体个人出行行为进行客观评价，从而发现各自存在的不良行为与习惯，进行自我提醒与控制。当然，对于不同工作性质、生活规律的评价主体，应当在评价项目分值上有所不同，例如对于晚上下班的超市工作人员，应当对那些晚上才具有的危险行为赋予更高分值。本书主要针对在校学生设计了危险行为评价指标、分值和方法，旨在更好地指导校园交通安全宣传教育工作。

对于步行上学、很少骑自行车的学生，适用表5-3问卷。

行人问卷调查 表5-3

行为描述	*a*. 经常会有（如果是请打√）	*b*. 偶尔会有（如果是请打√）	*c*. 会在人车混行且车流量较大的路段上行走（如果是请打√）		*d*. 相信驾驶人会关注我，不太留意来往车辆（如果是请打√）		计算分值方法（$a \times c \times d$ 或 $b \times c \times d$）
			经常	偶尔	经常	偶尔	
附近有安全过街设施，但没有借用安全设施横过道路的	5	2	2	1	4	2	
夜间或清晨着深色衣装行路、散步、横穿道路	5	1	2	1	2	1	
夜间在车道中心线处停留	5	1	2	1	2	1	
从静止的大型车辆前快速横过道路	5	1	2	1	2	1	
在道路上突然躲避井口、积水	5	1	2	1	2	1	
步行通过城市快速路或高速公路	5	1	2	1	4	4	
过量饮酒后独自行走	5	1	2	1	2	1	

续上表

行为描述	a. 经常会有（如果是请打√）	b. 偶尔会有（如果是请打√）	c. 会在人车混行且车流量较大的路段上行走（如果是请打√）		d. 相信驾驶人会关注我，不太留意来往车辆（如果是请打√）		计算分值方法（$a\times c\times d$ 或 $b\times c\times d$）
			经常	偶尔	经常	偶尔	
在横过道路过程中突然后退	5	1	2	1	2	1	
紧贴正欲或正在倒车的车辆后面行走	4	1	2	1	5	1	
紧贴大型车辆行走或等候过街	2	1	5	1	2	1	

按照表5-3计算方法计算出最终分值，某行分值大于或等于20或各行累加总分值大于50的为危险人群，应当针对此类人群进行具体分析和风险控制。

对于骑自行车上学的学生，适用表5-4问卷。

非机动车驾驶人问卷调查 表5-4

行为描述	a. 经常会有（如果是请打√）	b. 偶尔会有（如果是请打√）	c. 会在人车混行且车流量较大的路段上行走（如果是请打√）		d. 相信驾驶人会关注我，不太留意来往车辆（如果是请打√）		计算分值方法（$a\times c\times d$ 或 $b\times c\times d$）
			经常	偶尔	经常	偶尔	
突然猛拐进入机动车道	5	3	4	2	4	2	
超速驾驶电动自行车、残疾人专用车	5	1	2	1	2	1	
夜间骑灯具不合格的自行车	5	1	2	1	2	1	

续上表

行为描述	a. 经常会有（如果是请打√）	b. 偶尔会有（如果是请打√）	c. 会在人车混行且车流量较大的路段上行走（如果是请打√）		d. 相信驾驶人会关注我，不太留意来往车辆（如果是请打√）		计算分值方法（$a\times c\times d$ 或 $b\times c\times d$）
			经常	偶尔	经常	偶尔	
在封闭道路（高速公路、城市快速路）上驾驶非机动车	5	1	2	1	4	4	
酒后骑自行车	5	1	3	2	3	2	
老年人骑自行车、三轮车	5	1	2	1	4	4	
驾驶不合格的非机动车	5	1	2	1	2	1	
遇前方右转弯水泥罐车、重型货车等大型车辆强行贴近、穿插	4	1	2	1	5	3	
快速骑行通过路口	2	1	3	2	5	2	
在自行车车道内紧贴并行	2	1	5	1	2	1	
雨雪天过路口、高速公路出口	4	2	3	2	5	2	
紧贴水泥罐车、大货车、公共汽车右侧骑行	2	1	3	2	3	2	

按照表5-4计算方法计算出最终分值，某行分值大于或等于20或各行累加总分值大于50的为危险人群，应当针对此类人群进行具体分析和风险控制。

5.2 城市交通弱势群体风险行为控制

5.2.1 步行危险行为控制

5.2.1.1 附近有安全过街设施,但没有借用安全设施横过道路

行人状态	道路环境状况	险情指数[1]
没有仔细观察、聆听,在距离安全过街设施较近的路段横过道路	道路平直、车流量较大、附近有路口、人行横道、过街天桥或地下通道	1级
翻越护栏横过道路	不限	1级

1)危险描述

设有过街天桥、地下通道的路段大多路面较宽、行驶条件较好、车速较快、车流量大,路中间多设有隔离护栏或隔离墩,机动车驾驶人一般不会关注是否有行人进入车道,从这些地段横过道路,危险可想而知。人行横道没有过街天桥、地下通道安全,但交通法规的约束以及提前设置的交通标志,很大限度上确保了人行横道上行人的交通安全。尽管如此,通过人行横道的行人仍然应当充分观察和留意来往车辆是否减速和停车。在这些安全过街设施附近横过道路的危险,不仅源于道路交通参与者对法律的忽视,还与驾驶人驾驶习惯等因素相关。在车辆接近人行横道时,驾驶人并不会一直保持减速行为,如看清楚人行横道上没有行人通过或行人到达所在车道还有一定距离,驾驶人可能加速通过人行横道。交通安全意识淡薄的机动车驾驶人,还可能与行人抢行。除此之外,人行横道会吸引驾驶人的大部分注意力,驾驶人容易忽略人行横道周边道路上突然出现的行人。

由于各种原因,行人不走人行横道及其他过街设施,甚至翻越护栏的现象时有发生。与机动车发生事故,行人往往更容易受到伤害,如果行人不遵守交通法规,所获得的赔偿就很少。研究发现,行人过街没有走人行横道或其他安全过街设施成为行人与机

[1]险情指数分为3级、2级和1级三个等级,由3级到1级,险情依次递增。

动车发生事故以及行人负主要以上事故责任的主要原因。分析所研究的400个案例,行人负全部责任的事故中,行人过街没有走人行横道或其他安全过街设施的占70%;行人负主要责任的事故中,行人过街没有走人行横道或其他安全过街设施的占80.3%。

2)危险控制

(1)行人横过机动车道时应当选择人行横道、地下通道或过街天桥,不能随意进入机动车道。

(2)通过没有施划道路标线、没有设置安全过街设施的农村、小区、厂区、胡同道路时,注意观察、聆听,选择安全的地点横过道路。有交警、交通协管员、学校交通安全员负责指挥交通的过路处是安全过街地点,如找不到上述路段,选择能看清楚道路四周及从远处驶来的车辆,同时驾驶人又容易看清自己的地点横过道路。

(3)在人行横道行走,应当遵守信号灯,同时仔细观察来往车辆。

(4)养成良好的习惯,换乘对面公交车需要横穿机动车道时,关注信号灯和来往车辆,不要只观察公交站台是否来车。

5.2.1.2　步行通过城市快速路或高速公路

行人状态	道路环境状况	险情指数
步行	封闭道路	1级

1)危险描述

城市快速路、高速公路等封闭道路是绝对禁止行人行走的,在城市快速路或高速公路驾驶车辆高速行驶的驾驶人没有遇到行人的心理准备,一旦发现行人,会急转方向,试图躲避,易导致严重的事故后果。行人违法上高速公路或城市快速路,被高速行驶的车辆撞击致死或致伤的交通事故时有发生,不仅危害人民群众的生命安全,也影响高速公路的安全通行。据统计,2006年江苏省内所有高速公路共发生车辆撞压行人的交通事故57起,致60名行人死亡,占该省全年高速公路交通事故死亡总人数的11.2%。

2)危险控制

(1)加强对城市快速路和高速公路沿线居民、营运车辆、汽修

人员、作业人员的交通安全宣传教育，配备反光锥桶、警告标志、反光衣等必要的交通安全器具。

(2)在高速公路上施工的人员不得违法进入施工安全区之外的路段。

(3)加强对高速公路护网破损处、行人进入高速公路多发点段的巡查、管控。

(4)在封闭道路上作业的人员，在不得不步行穿越封闭道路时，一定要穿着反光服，选择可以清晰观察到百米之外的地段和时段，确定各个车道都没有来车后，快速通过。

5.2.1.3 从静止的大型车辆前快速横过道路

行人状态	道路环境状况	险情指数
没有仔细观察、聆听，从小型车辆前横过道路	道路平直、车速较快	2级
没有仔细观察、聆听，从大型车辆前横过道路	道路平直、车速较快	1级

1)危险描述

如果不仔细观察，贸然从停在路边或道路中的车辆前横过道路是非常危险的行为。静止的车身会对后方来车造成视觉障碍，阻挡驾驶人观察前方行人，驾驶人发现行人从障碍物前突然出现时，事故通常难以避免。事实上，形成障碍的车辆并不局限于大型车辆和静止的车辆，儿童、个头不高的行人或者骑着低矮自行车的人，甚至"摩的"都可能成为驾驶人致命的视线障碍。在交通秩序较为混乱的路口通过道路时，容易被残疾人专用车等非机动车遮挡，这时机动车驾驶人凭经验判断残疾人专用车的车速和轨迹，并试图从残疾人专用车后面快速通过，可是一旦机动车接近残疾人专用车时，突然出现行人，事故就难以避免。缓慢行驶的车辆和拐弯、掉头的车辆也可能成为类似的障碍。

2)危险控制

(1)为上班、上学预留足够的时间，把富余的时间分配在横过道路、通过路口的时段。

(2)遵守信号灯,安全通过道路、路口,并仔细观察、聆听。

(3)在进入道路、路口前,观察、判断后方来车运行轨迹,通行过程中,严密注意后方来车,防止有车辆突然加速,违法通过路口。

(4)机动车驾驶人不得把车辆,尤其是大型车辆停靠在路口、学校门口、小区门口等阻碍视线的地段。

5.2.1.4　在横过道路过程中突然后退

行人状态	道路环境状况	险情指数
突然后退、没有仔细观察后方来车	道路平直、车流量较大	1级

1)危险描述

一般,行人过街总是急于往前赶,所以驾驶人形成了思维定式,看到行人横过道路,就会在脑海中勾勒出行人一致朝前行走的运动轨迹。机动车驾驶人经常需要估计前方物体的运动方向和速度,谨慎的驾驶人可能会减缓车速,等待行人通过,一些过于自信的驾驶人则会加快车速,从行人后面贴身驶过。不断革新的生产技术使小汽车运行时的声响越来越小,如果行人不回头观察或仔细聆听,就无法发现后面来车。因此,行人在横过道路或在车流中穿行时,突然后退是非常危险的。

2)危险控制

(1)尽量避免在拥挤的车流中穿行。

(2)尽量避免在没有安全岛的道路中候车。

(3)养成谨慎的习惯,在通过路口、横过路段或在机动车与非机动车混行的道路行走时,要先仔细观察和聆听,确认安全后再改变方向。

5.2.1.5　过量饮酒后独自行走

行人状态	道路环境状况	险情指数
过量饮酒后独自行走	夜间	1级

1)危险描述

过量饮酒对交通出行者的危害是极大的,行人过量饮酒,会降低对危险的辨识度。在没有人陪同、独自行走的情况下,可能发生各种危险,比如从高处跌落或发生交通事故。酒后行人进入高速公路、城市快速路,甚至睡在道路中间,是几种常见的极端危险行为。

2)危险控制

(1)饮酒有度,过量饮酒后步行时应当有成年人陪同。

(2)作为亲属和朋友,劝酒应有度,关心别人莫过于关爱他人的生命与健康。

5.2.1.6　对儿童的安全注意不足

行人状态	道路环境状况	险情指数
儿童独自行走或玩耍	道路附近、车辆经常进出或停驻的场院	1级

1)危险描述

我国每年因交通事故死亡的儿童数千人,加强对儿童的保护是道路交通安全工作的重要方面。儿童的安全意识和控制能力比较差,容易在道路上突然横穿、猛拐,独自在路边、场院里停驻的车辆后面、车轮下面玩耍嬉闹、大小便,由于儿童个头小,不易被发现,这些行为都可能导致交通事故的发生。家长不能单独把孩子留在道路附近、车辆经常进出或停驻的场院。

2)危险控制

(1)在道路附近以及车辆停驻的任何场所,驾驶人都要时刻保持对儿童的关注。

(2)在道路边,家长不要以为看到孩子或者听到孩子的声音就足够安全,应当用"手"控制住他们。

(3)家长应当教育孩子不要在车辆附近玩耍,尤其不能在车身下穿行或躲在车轮下;如果家长需要接听电话、上厕所等,尽量把孩子带在身边或交由其他成年人照看。

(4)如果车辆停在有儿童的场院里,每次起动车辆之前,驾驶人务必下车查看四周。

5.2.1.7 紧贴正欲或正在倒车的车辆后面行走

行人状态	道路环境状况	险情指数
紧贴正欲或正在倒车的车辆后面行走	车流量较大	2级
紧贴正欲或正在倒车的大型车辆后面行走	车流量较大	1级

1)危险描述

倒车时,驾驶人的视线盲区较大,手动挡车油离配合要求高,尤其是大型车辆,车身比较长,对距离的把握更加困难,过往的行人需要格外小心。一般,听到停驻在路边的车辆已经发动,或者观察到车后站着正欲指挥倒车的人员,或者发现驾驶人把头伸出驾驶室或注视后视镜,这些都表明前方的汽车准备或者正在倒车。

2)危险控制

(1)发现准备倒车或者正在倒车的小型车辆,等候车辆倒车完毕后再走,或者向驾驶人示意,得到驾驶人明示后,保持一定距离快速通过。

(2)如果发现准备倒车或正在倒车的大型车辆,等候车辆倒车完毕后再走,或者从车前面保持一定距离绕行。

5.2.1.8 指挥倒车

行人状态	道路环境状况	险情指数
指挥倒车	封闭道路、车流量较大	1级
在大货车、大客车后指挥倒车	场院	2级

1)危险描述

在车辆后面指挥倒车是非常危险的行为。在高速公路或城市快速路行驶,一旦驶过了出口,千万不能试图倒车,车上乘客不能下车指挥或截车。由于货车、大客车驾驶盲区范围大，低速时噪声大，驾驶人需要不断扭头观察周围，不易观察和聆听倒车人的指示和警告。为大货车、大型客车指挥倒车，需要有驾驶大型车辆的经验及较高的安全意识。

2）危险控制

（1）在高速公路和城市快速路上绝对不能指挥倒车。

（2）其他道路、场地上指挥倒车时，一定不要站在大型车辆的正后方和盲区内，站在车辆的侧面，确保驾驶人通过反光镜能发现自己，判断的方法就是能通过反光镜清楚地看到驾驶人的扭头动作。

（3）如果在路边指挥倒车，还应留意道路上来往的其他车辆。

5.2.1.9　在道路上紧急躲避井口、积水

行人状态	道路环境状况	险情指数
步行、躲避井口、积水，没有仔细观察、聆听	车流量大	2级

1）危险描述

在道路上偶尔可以看到一些缺了井盖的井口，行人不得不绕行，还有一些路面低洼处，逢雨积水，影响了行人通行。这些井口、积水如果在机动车道内，行人务必先观察四周，再躲避绕行，否则突然改变位置，从后方驶来的车辆会猝不及防。

2）危险控制

（1）在道路上步行，避免急跑、急转等危险行为。

（2）先观察、聆听，确认安全后再行动。

（3）不要随意占用人行便道，及时清除人行便道的障碍物。

5.2.1.10　紧贴大型车辆行走或等候过街

行人状态	道路环境状况	险情指数
紧贴大型车辆行走或等候	车流量较大	2级

1）危险描述

一些人习惯于紧贴着车辆横过道路。事实上，紧贴大型车辆

行走或等候过街非常危险，因为车辆会因很多突发原因突然改变运动形态，从车辆后面突然驶出的超车车辆也会让人猝不及防。大型车辆驾驶人的视觉盲区较大，车辆装载的货物或者可能存在的突出物都可能碰撞行人。

2）危险控制

（1）与大型车辆保持距离。

（2）即使行人享有优先通行权，如果大型车辆已经临近，也要注意避让，不可强行。

5.2.1.11　睡在停驻车辆的场院、施工场地内及其进出口处

行人状态	道路环境状况	险情指数
卧睡	车辆可以进出的场院	3级
卧睡	大型车辆、专业车辆进出、作业的施工场地	1级

1）危险描述

夏天，一些人喜欢睡在院子里，或者躺在树下、屋檐下纳凉。如果是车辆可以进出的场院，就应该格外警觉。建筑施工工人感到疲倦，往往席地而睡，这样做极其危险，施工单位应当劝阻，同时为工人们创造良好的休息条件。

2）危险控制

（1）夏天在场院里，应当睡在车辆无法触及的地方，不能靠近停车位。

（2）绝对不能在大型车辆或专项作业车来往通行、作业的施工场地睡觉。

5.2.1.12　夜间或清晨着深色衣装行路、散步、横穿道路

行人状态	道路环境状况	险情指数
着深色衣装，没有仔细观察或聆听	夜间、清晨，没有路灯和人行便道	3级
着深色衣装，没有仔细观察、聆听，经常远距离出行	夜间、清晨，没有路灯和人行便道	2级

1)危险描述

很多人都习惯于夜间或清晨沿街道、胡同、公路散步。晚上或黎明,行人虽然可以看到驶来汽车的车灯,确认前方或后方是否有来车,但车里的驾驶人却不一定能发现行人。尤其是中老年人行动迟缓,多着深色衣服,夜间不容易被发现。当路面湿滑反光时,驾驶人更加难以辨识。深色的衣装会减小行人和周围黑色背景的色差,不利于驾驶人观察。此外,由于夜间酒后、超速、超载驾驶等交通违法行为多,会增加夜间出行的危险性。2003 年年初,芬兰政府规定,行人在夜晚外出或在居民区街道上行走时,应佩戴反光片,以便引起过往车辆的注意,避免发生交通事故。

2)危险控制

(1)晚上或清晨行路、散步,尽量选择有路灯、有便道的道路,并穿浅色、有反光效果的衣服。

(2)雨夜清晨行路或散步,最好选择有反光效果的雨伞、雨衣。

(3)经常在夜间或清晨远距离出行的人,最好配备反光衣或反光片。

5.2.1.13　夜间在车道中心线处停留

行人状态	道路环境状况	险情指数
着深色衣装	车流量大、没有中央隔离带、夜间	2 级

1)危险描述

夜间站在车道中心线处的行人面对两侧来往穿梭的车辆,以为自己被两侧灯光照射,很容易被发现。然而,事实并非如此,驾驶人由于互相受到对向车灯照射造成炫目,位于车道中心线的行人就像进入了盲区,不容易被驾驶人发现。

2)危险控制

(1)夜间横过道路时,尽量选择好的时机和地段,一次连续地通过机动车道。

(2)如果不得不在车道中心处停留时,注意观察来车的走向,并举起单臂轻轻转动,以引起驾驶人注意。

5.2.1.14　在隧道口处、地下停车场出口处站立等待

行人状态	道路环境状况	险情指数
步行	隧道口处、地下停车场出口处或立交桥下	1级

1)危险描述

由于生理原因,人从明处到暗处或从暗处到明处,视力会出现突然的不适应,无法立即看清楚周围环境。如果驾驶人正在驾驶机动车,就会对交通安全造成影响。因此,机动车驾驶人应当格外注意,行人自身也应当积极预防人眼明暗适应带来的危险。白天,地下停车场、隧道里光线比较暗,车辆一旦出了停车场、隧道,驾驶人就会有短暂的明适应阶段。同样地,车辆从光线较强的环境进入较暗的立交桥下,驾驶人也会出现或强或弱的暗适应。

2)危险控制

(1)接近地下停车场出口或隧道口,注意观察和聆听,留意随时出现的车辆。

(2)应当站在出口外的人行便道上等待地下停车场开出的车辆。

5.2.2　非机动车出行危险行为控制

尽管小汽车增长速度惊人,但以自行车为主的非机动车仍然是很多人出行选择的交通方式,《2012年北京交通发展年报》统计显示,2011年北京自行车出行量为432万人次/日。

我国是自行车大国,自行车在带给人们方便和快捷的同时,也给一些自行车驾驶人带来了致命的灾难,我国每年因机动车与非机动车发生碰撞事故造成非机动车驾驶人死亡的人数占到了道路交通事故总死亡人数的30%,自行车是公认的最危险的交通工具之一。

5.2.2.1　突然猛拐进入机动车道

驾驶人状态	道路环境状况	险情指数
没有仔细观察、聆听	道路宽直、车流量较大	1级

1)危险描述

骑自行车时,切忌突然猛拐。机动车保持高速行驶时,即便紧急制动,也需要驶过一定的制动距离才能彻底停下来。据测算,以60km/h的速度行驶的车辆从发现情况、采取措施到完全停下,仍将往前行进33m。机动车与非机动车发生碰撞事故往往伴有机动车超速,但由于非机动车猛拐造成的事故多发生在机动车道,非机动车涉嫌侵害机动车路权,因此非机动车驾驶人一般承担事故的主要责任,非机动驾驶人若伤亡获得的赔偿很少。非机动车驾驶人突然猛拐最常见的有两种情况:一是快进入路口时突然向左猛拐;二是超越前方公交车时突然向左猛拐。

2)危险控制

(1)拐弯之前,下车停在路旁,仔细观察四周,确认安全后再推着自行车横过机动车道。

(2)机动车高速行驶时,驾驶人的观察范围会大大缩小,自行车驾驶人即便打了转弯提示手势,也不能一厢情愿地以为对方发现了自己,而应仔细观察后方是否有车临近。

5.2.2.2　在自行车车道内近距离并行

驾驶人状态	道路环境状况	险情指数
相互聊天、嬉戏	车流量大、没有机动车与非机动车隔离护栏、自行车道狭窄	2级

1)危险描述

确定自行车道宽度前,人们专门研究了自行车的行驶特性,发现自行车一般情况下的蛇形轨迹宽度为40cm,自行车车把宽度通常为60cm,再附加左右各25cm的保险宽度,所以一辆自行车通常需要150cm的行驶宽度。两辆自行车并行则需要3m的宽度。

这种宽度现实中经常得不到保证,有些自行车道虽然很宽,但被停放在路边的机动车挤占;有些自行车道不够宽或宽窄变化频繁;甚至在一些自行车很多的路段未设置自行车道。加之自行车本身稳定性、自我保护性能差,在受到外力影响下,容易倒入机动车道,发生交通事故。实际案例表明,并行攀谈会分散骑车人的注意力,一旦遇到紧急情况,可能导致内侧行驶的自行车无法向右躲闪,甚至在情急之下向左(机动车道一侧)猛拐,造成交通事故。交通法规明确禁止骑自行车的人扶身并行、互相追逐。

2)危险控制

(1)主动避免和他人并行攀谈,更不可以嬉闹、扶身。

(2)在没有设置机动车与非机动车隔离护栏,而且自行车道比较狭窄的路段,尽量靠道路外沿行驶,并注意观察左侧来车。

5.2.2.3 紧贴水泥罐车、大货车、公共汽车右侧骑行

驾驶人状态	道路环境状况	险情指数
没有仔细观察、聆听	车流量大、没有隔离护栏	2级

1)危险描述

驾驶大型货车、客车的视觉盲区要大于小型汽车,有时根本发现不了右侧并行的自行车。有些大型车辆由于设计、改装或损坏的原因,右侧防护网、挡泥板等可能超出车辆右侧平面,容易剐倒贴近的自行车,加上二者质量相差太大、大型车辆运行噪声大、视觉盲区范围大等原因,一旦发生碰撞,机动车不能及时制动,易造成人员伤亡的惨祸。试验发现,受车辆右行制的影响,自行车遇到紧急情况总是习惯向右打轮,容易倒向紧邻的左侧机动车道。

2)危险控制

(1)骑自行车在道路上行驶,要注意远离大型车辆,由于大型车辆对自行车驾驶人容易造成心理压力且自行车稳定性较差,与大型车辆并行应当保持1m以上的安全距离,并确保右侧没有并行的非机动车。

(2)如前方是公交车站,提前注意左侧是否有公交车准备进站,如果自行车道被公交车占用,最安全的方法是下车等待或推行自行车从人行便道上走过公交车站。

5.2.2.4 遇前方右转弯水泥罐车、重型货车等大型车辆强行贴近、穿插

驾驶人状态	道路环境状况	险情指数
强行贴近、穿插	路口、车流与人流量较大	1级

1)危险描述

大型机动车造成行人或非机动车驾驶人死亡的交通事故多发生在大型车辆右转时。在7个事故档案的肇事驾驶人讯问笔录中,在被问及是否看到对方时,所有驾驶人的回答都是没有发现。尽管肇事驾驶人可能因为精力不集中没有发现对方,甚至根本就是说谎,但大型机动车存在严重的视觉盲区无可争议,即使在加装助镜的情况下也无法避免。另外,在驾驶中型普通客车(如金杯面包车)或轻型普通货车向右绕过物体时都有这样的体会:要先向物体外侧稍微转动一定方向,再向右拐弯,否则车的右后部容易剐蹭被绕行物体。车辆转弯时存在内轮差,即前轮和后轮的转弯半径不一样,内轮差的大小与车辆的轴距以及前轮转弯半径有关系。因此自行车驾驶人或行人在被重型汽车右侧中、前部碰撞后,往往会被卷到车底盘下,并被后轮碾压。

2)危险控制

(1)横过道路时,养成先向左看再向右看的习惯。

(2)遇大型车辆拐弯时,如果大型车辆已经贴近,即便自己骑自行车直行,也不能因为自身有优先通行权而抢行,要与大型车辆保持一定的距离,停车等候。

5.2.2.5 酒后骑自行车

驾驶人状态	道路环境状况	险情指数
酒后	混合交通	2级
醉酒	混合交通	1级

1)危险描述

酒精会影响人的控制能力和反应时间,酒后骑自行车和酒后开车一样,都是非常危险的交通行为,也是交通法规明令禁止的违法行为。自行车的运行呈蛇形轨迹,正常速度行进的蛇形轨迹宽度一般为40cm左右,酒后骑车由于人的控制能力减弱,自行车需要更大的行进空间,甚至会突然拐入机动车道,更有甚者居然在城市快速路或高速公路上"晃悠"骑行。

2)危险控制

(1)过量饮酒后不能单独骑自行车出行,应当在成年人陪同下改乘公交车等其他交通工具。

(2)与驾驶机动车一样,服用药物前也应当征求医生的意见,了解药物对骑自行车是否会产生不利影响。

5.2.2.6 超速驾驶电动自行车、残疾人专用车

驾驶人状态	道路环境状况	险情指数
超速驾驶电动自行车、残疾人专用车	混合交通	2级

1)危险描述

电动自行车、残疾人专用车行驶速度快,属于"高速"行驶的非机动车,稳定性与防护性均很差,容易出现穿插、猛拐等违法行为,存在发生事故、导致严重交通伤害的隐患。残疾人专用车的机动性能好,不少正常人也以此为代步工具,少数人甚至利用其从事非法营运活动,为了抢生意,经常出现超速、占用机动车道等违法行为。

2)危险控制

(1)驾驶人应当充分意识到电动自行车及残疾人专用车具有加速快、防护性差的特点,应控制好车速。

(2)从动力系统设计和强化路面管理两个方面,控制电动自行车、残疾人专用车的最大行驶速度。

5.2.2.7 老年人骑自行车、三轮车

驾驶人状态	道路环境状况	险情指数
判断、反应能力和视力有所下降的老年人	混合交通严重	3级
判断、反应能力和视力有所下降的老年人骑车带人	混合交通严重	2级

1)危险描述

老年人习惯骑自行车或三轮车出行,不少老年人通常喜欢骑比较高大的"二八式"自行车。但老年人毕竟年岁已大,判断、反应能力以及视力都会减弱,不容易及时发现和躲避危险。此外,老年人的体质较弱,一旦发生事故,即使从自行车上跌落下来,也容易遭受严重伤害。一些老年人退休在家,负责接送孩子上下学,有的骑自行车,有的骑三轮车,老年人控制自行车的能力本来就弱,如果还骑车带孩子,更是增加了危险系数,不仅威胁老人自身的安全,还可能危及孩子的安全。

2)危险控制

(1)短距离出行,老年人可以选择步行的方式。

(2)较长距离的路程,尽量乘坐公交车出行。

(3)如果骑自行车出行,应避开车流高峰时段和秩序较乱的路段。

(4)不要让老人驾驶非机动车承担接送孩子的任务。

5.2.2.8 夜间骑灯具不合格的自行车

驾驶人状态	道路环境状况	险情指数
没有仔细观察、聆听,骑灯具不合格的深色自行车	夜间、没有路灯、没有机动车与非机动车隔离护栏	2级

1)危险描述

夜间在没有路灯的道路骑自行车,如果没有车灯照明,骑车人只能借助月光和经验直觉骑行，容易发生跌入边沟、坠河等事故。与前车灯一样，后侧反光灯具对于确保自行车的安全同样重要。通常情况下，机动车驾驶人夜间对周围的观察能力会明显减弱，如果自行车没有配备良好的反光灯具，并且车身呈深色，就会使得照射在自行车上的反射光强度降低，影响机动车驾驶人观察辨识。另外，酒后、非法驾驶等严重的机动车违法行为夜间发生次数多，危害程度大，因此，夜间出行的骑车人需要更好地保护自己。

2）危险控制

（1）在夜间或能见度低的情况下，自行车必须配备合格的车灯，并安装红色反光灯具。

（2）经常夜行的骑车人应当穿上颜色鲜明、浅色或反光的荧光衣。

5.2.2.9 雨雪天过路口、高速公路出口

驾驶人状态	道路环境状况	险情指数
没有仔细观察、聆听来车	路口、高速公路匝道口、场院入口、急弯处，雨雪天气	2级

1）危险描述

雨雪天气导致车辆轮胎附着系数降低，制动距离延长，同时影响机动车驾驶人的观察效果，因此非机动车驾驶人要特别小心，尤其在路口、高速公路匝道口、场院入口、急弯处。

2）危险控制

（1）骑自行车经过急弯处，观察前后左右，若发现来车速度较快，应当在进入弯道前停车等候。

（2）已经进入弯道的，应当加速离开弯道。

（3）若弯道内侧有人行便道的，应当在内侧人行便道上骑行。

5.2.2.10 快速骑行通过路口

驾驶人状态	道路环境状况	险情指数
快速骑行、没有仔细观察、聆听来车	路口较大、早晚高峰或夜间	2级

1)危险描述

由于骑自行车时容易发生穿插猛拐的现象,一旦发生事故可能造成严重后果,因此交通法规明确禁止骑自行车横过道路。骑自行车时,如果转头观察四周的角度太大、观察时间过长,就会妨碍对自行车的控制,而步行者不存在此类问题。因此步行过街者和骑自行车过街者的观察能力以及观察效果明显不一样,具体表现在步行者的回头频率高,控制步伐、速度、方向的能力好。除此之外,骑自行车横过人行横道也不被视为行人保护,一旦发生事故自行车骑行者将承担事故责任,所获赔偿也将大打折扣。

2)危险控制

(1)养成推行自行车横过路口的习惯,可以从根本上杜绝自行车从非机动车道进入路口时出现突然左拐、横穿的危险行为。

(2)沿人行横道推行自行车通过路口,法律对行人的一切保护均适用于骑车人。

(3)父母在接送孩子的路程中,自觉遵守交通法规,推行自行车横过道路,以身作则,为孩子树立好榜样。

5.2.2.11 在封闭道路(高速公路、城市快速路)上驾驶非机动车

驾驶人状态	道路环境状况	险情指数
正常	封闭道路(高速公路、城市快速路)	1级

1)危险描述

高速公路、城市快速路等全封闭道路是非机动车和行人的绝对禁区,机动车运行速度快,对于高速公路或城市快速路上突然出现的险情无法及时采取应对措施。即使驾驶非机动车在应急车道内行驶,也是非常危险的行为。执行紧急任务的警车、救护车、抢险车,以及一些违法车辆都可能随时在应急车道内超车、快速通行,一旦发生事故,后果特别严重。

2)危险控制

(1)重点加强对高速公路附近居民、工地和服务区工作人员、

路面养护人员的交通安全教育和防护。

(2)在道路边发现即将进入封闭道路的非机动车,积极进行劝阻;若非机动车已进入高速公路或城市快速路,应当立即报警。

5.3 区域交通事故风险评价与控制

某市有A、B两个区,已知2012年辖区内主要道路的年平均日交通量(AADT)、平均车速及交通弱势群体交通事故死伤情况,利用式(3-34)求得年交通弱势群体事故烈度,如表5-5所示,现通过事故烈度模型评价A、B区域交通弱势群体安全状况,同时提出阶段事故控制阈值。

区 域 数 据 表5-5

辖 区	日均交通量(辆/d)	平均车速(km/h)	年交通弱势群体事故烈度
A	60000	49	576
B	28800	35	552

由式(3-34)可得表5-6。

冲 突 烈 度 表5-6

区 域	A	B
冲突烈度(P)	0.29	0.30

由表5-5可知,虽然由交通弱势群体死伤人数叠加的A区事故烈度指标比B区大24,但B区冲突烈度更严重。原因是A区的流量和速度均远大于B区,但B区事故烈度指标却与A区相差不大,所以B区交通安全管理水平上有待提高。

进一步,通过P_m(烈度最大值)计算方法,可以计算出A、B两个区域的事故烈度警戒值,作为下一年度的事故控制量。由于数据原因,本例仅用某一年的冲突烈度作为区域冲突烈度指标。实践中,为了更精确地进行区域安全评价,有必要收集较长年份的数据,然后求得年平均冲突烈度。

5.4 本章小结

本章研究目的是对城市交通弱势群体交通风险行为进行有针对性的评价与切实的控制,科学有效地解决评价中发现的问题。现实生活中,交通事故的发生总是源于具体细微的原因,这些原因汇集在一起,表现出宏观上的现象。本章既研究了微观层面、个人风险行为以及对他们的评价与控制,也研究了宏观层面、区域交通风险的评价与控制。

6 城市交通弱势群体事故风险微观干预措施研究

6.1 交叉路口安全过街设计

在车流量大的交叉路口,交通弱势群体容易被速度较快的大型车辆伤害。据美国交通管理部门统计,在 2001 年,有 4882 名行人惨死在机动车车轮下,占全部 42116 起死亡事故的 12%。与此同时,超过 77000 名行人因交通事故受伤[61]。值得关注的是,2001 年美国所有行人与机动车之间发生的事故中,共 940 起(占比为 22%)发生在交叉路口[62]。2012 年美国约有 4457 名行人、非机动车驾驶人死于道路交通事故,占事故总死亡人数的 13%。这些人车事故发生的根本原因是超速。据研究,行人在 65km/h 的车速下被撞,生还率只有 15%;在 48km/h 的车速下被撞,生还率为 55%;在 30km/h 的车速下被撞,生还率为 95%[63]。除此之外,机动车车速超过 70km/h 时,不太可能停下车为行人让行;只有车速小于 30km/h 时才有可能停下车为行人让行[64]。事实上,驾驶人必须有足够的时间观察、反应、制动。美国公路和运输官员协会(American Association of State Highway and Transportation Officials, AASHTO)建议将 2.5s 作为停车视距,一些研究认为这是一个阈值,适合年轻的、警觉性高的驾驶人[65]。由 Hooper 和 McGee 共同完成的研究建议采用 3.2s 更为合理[66]。由于美国自行车出行不像我国这么普遍,所以受交通事故伤害的自行车驾驶人比例相对小一些。根据

统计数据,2001 年,美国共 728 名自行车驾驶人死于交通事故,同时造成 45000 人受伤[67];2012 年美国共 726 名自行车驾驶人死于交通事故,同时造成 49000 人受伤。但是,还有一些自行车驾驶人受伤与机动车无关,对 3 个国家 8 家医院的一项调查研究发现,55% 在机动车道上受伤的非机动车驾驶人不是由于机动车原因造成的[68]。这项研究还发现 20% ~60% 的非机动车事故没有列入官方正式统计数据。非机动车与机动车事故多发生在交叉路口,美国联邦公路管理局的报告分析了四种常见事故[69]:

(1)机动车左转撞上非机动车;

(2)自行车突然左转;

(3)机动车突然从行车道或者小道驶出;

(4)自行车闯红灯。

一个分析报告调查了发生在加拿大多伦多的非机动车事故,发现 17% 的事故发生在有信号灯控制的路口,这些事故过半是在自行车穿越路口时被撞[70]。一项来自北美洲范库弗峰的研究发现,在同样的行驶距离下,骑自行车的事故风险是驾驶机动车的 3 倍[71],在英属哥伦比亚地区骑自行车的事故风险是驾驶机动车的 2 ~6 倍[72]。

6.1.1 设计原则

6.1.1.1 符合交通弱势群体心理与行为规律特点

不同的交通方式,表现出不同的交通心理及行为特点。交通弱势群体主要包括行人和非机动车驾驶人,他们都有各自的出行特点与规律,而这些带有普遍特点的规律,应该成为交叉路口安全规划设计必须遵循的首要原则。行人步速、非机动车行驶速度、占用路面宽度以及过街等灯忍耐度等都是非常重要的交通弱势群体行为参数,掌握这些数值及变化规律,并按此规划设计和管理,就能满足大多数交通弱势群体的需求,从而确保交通安全畅通。因此在规划设计城市交叉路口时,应首先了解相同或类似区域交通弱势群体有关行为参数,如图 6-1 所示。要获得这些参数需要进行大量、严谨的交通调查。比如行人等候信号灯的最大忍耐时间限度是多少？有人认为是120s，也有认为是100s或更低，显然我们需要在数理统计的帮助下进行调查研究，还应该考虑儿童、老人、成年人的差异等，最终满足大多数人的心理要求，在设置信号灯时也就能真正做到"以人为本"。

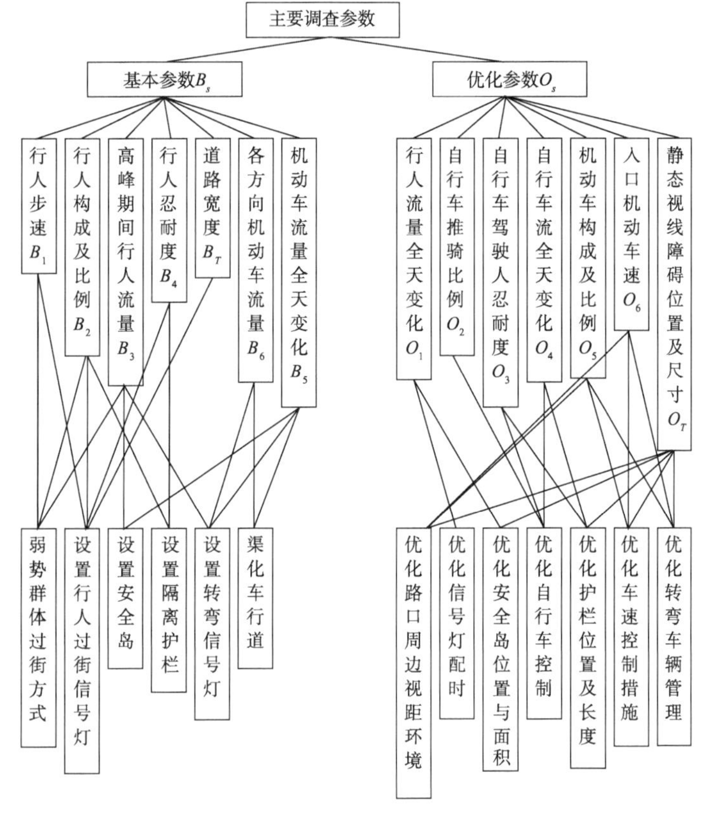

图6-1　交叉口规划设计主要参数及应用

6.1.1.2　减少交通冲突点、减轻交通冲突强度

交通冲突是否严重以及发生次数是交通事故是否频发的重要判断依据，交通冲突技术（Traffic Conflict Technique，TCT）已经成为评价交通安全的重要手段。按照海因里希理论，系统发生事故的

比例基本遵循“死亡：重伤：轻伤=1：29：300”的规律[73]。事故与冲突在数量上所呈现的强相关性与海因里希理论是同理和类似的。有学者研究国内交叉路口事故(y)与冲突(x)为线性关系[74]，如表6-1所示。

交通冲突与交通事故线性关系表 表6-1

直线回归方程	$y=0.0464x-0.371$
线性相关系数 r	0.977

因此，减少冲突点、减轻冲突能量对于预防事故起着非常重要的作用。若不计入行人流、非机动车流的各类冲突点，各种平交路口的冲突点数(按最少计)如表6-2所示[75]。若计入行人流、非机动车流的冲突点，则冲突点总数目要提高几倍。以一个标准十字路口为例，各类冲突点统计见表6-3。以上仅是单车道的情况，如果是多车道的道路，情况会比单车道复杂得多。

交通流的交叉点、合流点和分流点的数目 表6-2

交叉的形式	交叉点	合流点	分流点	总　计
3枝交叉	3	3	3	9
4枝交叉	16	8	8	32
5枝交叉	49	15	15	79
6枝交叉	124	24	24	172

标准十字路口机动车、非机动车、行人各类冲突点统计表 表6-3

冲突类型	交叉点	合流点	分流点	总　计
机—机	16	4	4	24
机—非	56	0	0	56
机—行	8	0	0	8
非—非	16	4	4	24
非　行	8	0	0	8
总　计	104	8	8	120

控制交通冲突点的原则有：一是变随机冲突点为固定冲突点，二是变交叉冲突点为交织冲突点，三是减少冲突点个数，四是减少

冲突点上的冲突次数,五是减少冲突点上的冲突能量。

对交叉口而言,控制交通冲突点的常用方法有:一是合理规划、设计路口,尽可能变复杂路口为规则路口,减少进出口数量;二是通过施划标线,合理渠化车行道、转弯道、非机动车道及人行道,合理引导通行;三是对转弯车较多的情况,增加转弯车道与信号灯相位;四是利用立体标线强化路口提示,减少动静态视线障碍,降低冲突能量。事实上,冲突能量大小不仅与入口车速有关,也与动静态视线障碍有关。

科学规划、设计路口应遵循合理控制冲突点和冲突能量的原则。同理,通过交通冲突个数和冲突能量的情况,可以很好地评价路口的规划、设计等级,并找出存在的问题。

6.1.1.3 消除和减少动静视线障碍

视距三角区内的静态视线障碍,比如广告牌、树木、建筑物等,是规划设计重点移除的对象,但是动态视线障碍由于其稍瞬即逝的特点,总是容易被忽视。北京市有关统计数据分析显示,超过45%的交通死亡事故均与视线障碍相关,仅就交通弱势群体而言,超过85%的死亡事故受视线障碍的影响。由上述数据分析及机理分析可以看出,消除和减少动静态视线障碍应该成为保护交通弱势群体的重要途径。具体方法包括:一是通过分析动静态视线障碍存在的典型形态,运用工程手段、合理设计等方法清除不合理视线障碍,减少动态视线障碍;二是通过法律、教育、科学设计等手段,减少违法停车、超速、非法闯入机动车道等违法现象。

6.1.1.4 降低进入路口的机动车速度

一些研究表明,不少机动车接近路口时,不但没有减速,反而提高速度,与行人擦肩而过,在路口抢行。Hideo YAMANAKA、Tetsuo MITANI 研究了 9 个路口[76],其中第 1 ~ 9 路口的死亡事故数(起/年)分别是 6、3、3、3、2、1、1、0、0。他们定义快、中、慢的车速分别为:大于 30km/h、15 ~ 30km/h、小于 15km/h,并把机动车在接近路口时的车速变化分为 7 种形态,分别是:由高速到高速(High→High)、由高速到中速(High→Mid)、由高速到低速(High→Low)、由中速到中速(Mid→Mid)、由中速到低速(Mid→Low)、由低速到低速(Low→Low)、停车(Stop)。由图6-2可以看出,事故越多的路口,表示停车等待或者减速通行的机动车越少,而代表高速行驶或由低速加速到高速行驶的深色区域比例越大。

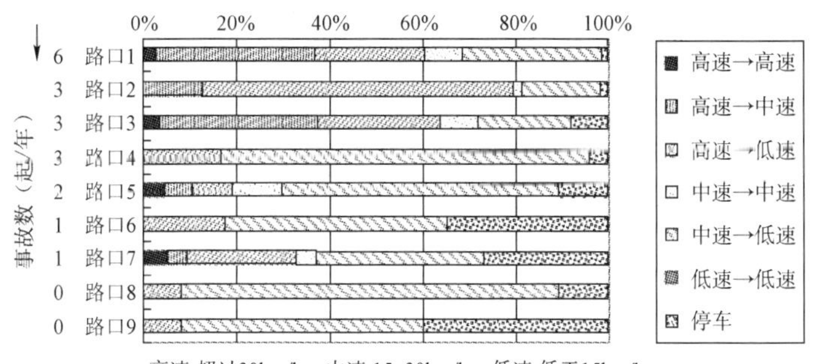

图6-2 接近路口(无优先权)车辆速度变化情况图

因此,22:00之后,有必要在车辆比较少、车速普遍较快、交通弱势群体容易受到侵害的路段,对靠近路口的车辆速度进行核查,判断绝大多数车辆进入路口前车速是否低于30km/h。一般认为,车速在30km/h以下时不易发生严重伤害事故[77]。如果发现车速过高,可以通过在路口附近增加醒目的立体标线、振动减速带等手段降低车速。此外,仅仅依靠增加提示标志或者施划菱形提示标线还不够,尤其在道路条件较好的路口附近,带有视觉冲击效果和物理振动效果的提示才会产生积极作用。

6.1.2 城市交叉口弱势群体交通事故冲突分析

虽然交通事故有一定的偶发性及随机性,但其发生有相似的原因及规律。改善交叉口交通安全环境,就必须深入分析大量交通事故背后的原因,尤其应该研究碰撞的发生原因及机理、交叉口的安全状态及潜藏的危险,潜在危险是如何逐渐放大,最终导致了不可逆转的事故悲剧。而交通冲突技术则是一项较好的分析事故成因及事故预测的技术。交通冲突是针对交通事故难以直接观察发生过程而建立的概念,是指车辆行驶过程中产生的具有事故隐患的事件,一般因交通个体的方向及速度差产生冲突。交通冲突实质上是不安全交通行为的表现形式,其发展结果可能导致事故发生,也可能由于采取措施得当而避免事故发生,因而,事故与冲突存在某种相似的内容。交通冲突技术的理论研究发现,事故与冲突的成因与发生过程的最后阶段存在着极为相似的形式,两者的唯一差别在于是否发生了直接的损害性后果。在大量的平面交叉口冲突技术的研究中,也已经证实了冲突与事故之间良好的线性关系。

交叉口是冲突发生集中地,通过减少冲突个数及减轻严重程度,可有效提高交叉口安全性,通过冲突分布及原因分析,可为改善交叉口安全状况提供依据。当交通流从不同方向交汇到一点的时候,就会产生冲突,我们将这个点称为冲突点。交通冲突按冲突点发生地点是否固定可分为两类:固定冲突和随机冲突。固定冲突包括成角度碰撞冲突、合流冲突、分流冲突;随机冲突包括对向冲突、追尾冲突和其他冲突。固定冲突点的位置相对固定,这类冲突可以通过合理的交通管理和道路工程改造,利用时间或者空间上的隔离减少或者消除。相反,随机冲突的位置很难确定,比如,机动车逆行和自行车在机动车道行驶很可能产生随机冲突,这类冲突可以通过教育、宣传和法律等手段使其减少。

按照参与交通冲突的成员多少,可以分为一个成员冲突及多个成员冲突。一个成员冲突发生的事故常常是与静止物发生的碰撞,包括护栏、建筑物、电线杆、环岛等。这类事故可以通过移动、去除和增加交通标志的方法消除或者减少。

按照参与冲突不同的道路使用者分类,冲突可以分为以下三类:机动车与机动车之间发生的冲突(简称机—机冲突)、机动车和非机动车之间发生的冲突(简称机—非冲突)、机动车和行人之间发生的冲突(简称机—人冲突)。

以北京数千起适用一般程序处理的交通事故数据为例,T 字形交叉口及十字形交叉口按冲突参与者划分的事故比例见表 6-4、表6-5。

T 字形交叉口按冲突参与者划分的事故比例 表 6-4

类型	机—机	机—非	机—人	总计
比例	42.8%	41.8%	15.4%	100.0%

十字形交叉口按冲突参与者划分的事故比例 表 6-5

类型	机—机	机—非	机—人	总计
比例	43.3%	41.8%	14.9%	100.0%

由表 6-4 和表 6-5 可以看出，在 T 字形及十字形交叉口，两个成员参与发生的事故占绝大多数，且机动车与非机动车、机动车与行人发生的事故占总数的比例相当大，应该重点关注。

图 6-3、图 6-4 为北京市 3 条道路交叉口中各类机—非冲突所占比例，其中，机直—非直占 47%，机直—非左占 31%，机右—非直占 15%。机直—非直是主要的冲突类型；而机直—非直冲突中，追尾为主要类型，占 72%。

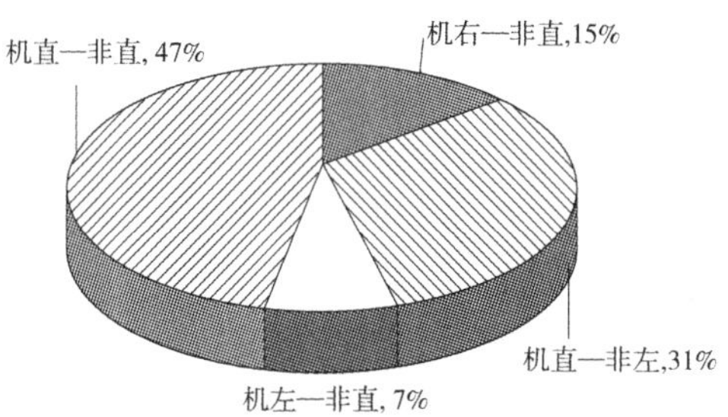

图 6-3 3 条道路交叉口中各类机—非冲突所占比例

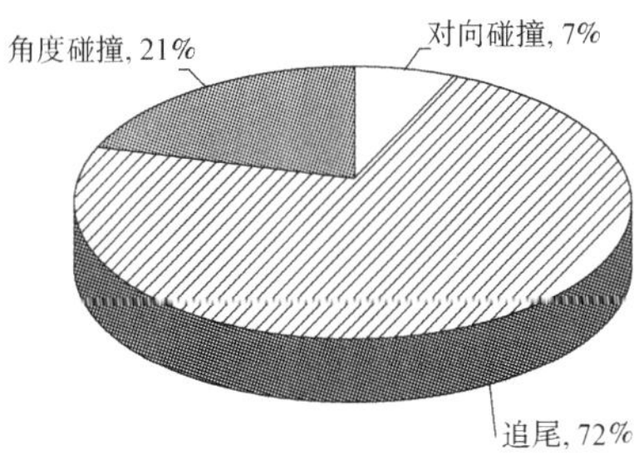

图 6-4 3 条道路交叉口机直—非直冲突形态分布

图 6-5 为 4 条道路交叉口中各类机—非冲突所占比例。其中机直—非直占 64%，是主要的冲突类型；机直—非左占 15%，主要存在于无信号交叉口；机右—非直占 13%；机左—非直占 8%。

图 6-6 和图 6-7 分别为 4 条道路交叉口事故中各类机—非冲突和机—人冲突所占比例，可以看出直行机动车与行人是主要的冲突类型（其中 3 条道路交叉口占比为 75%，4 条道路交叉口占比为 67%），其次为左右转机动车与行人的冲突。

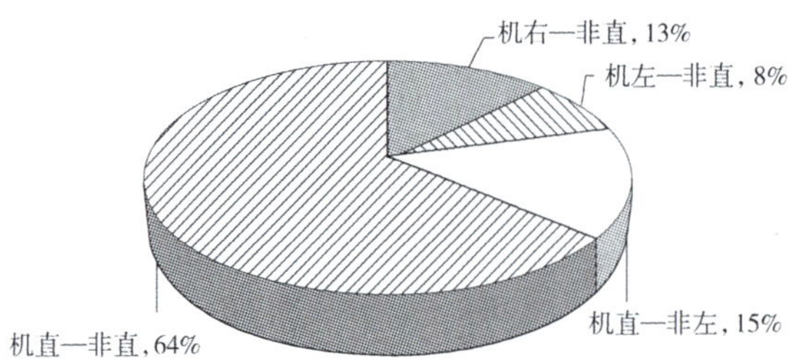

图 6-5 4 条道路交叉口中各类机—非冲突所占比例

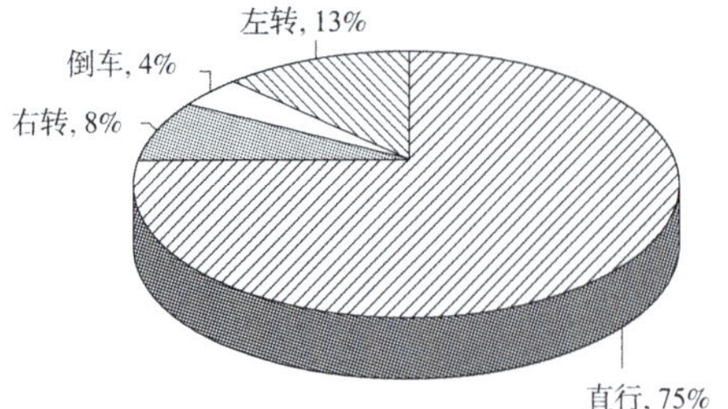

图 6-6 4 条道路交叉口中各类机—非冲突所占比例

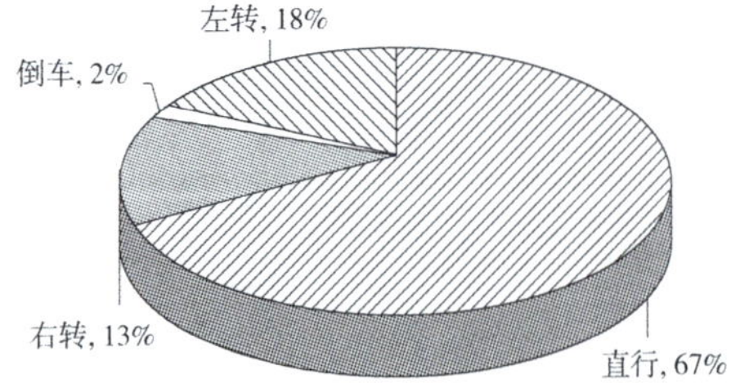

图 6-7 4 条道路交叉口事故中各类机—人冲突所占比例

大量的平面交叉口冲突技术研究,已经证实了冲突与事故之间的良好线性关系,城市交叉口是行人、自行车与机动车冲突的集中地,因此,利用交通冲突技术分析行人和非机动车在交叉口的安全状况是可行的。交通冲突技术是目前国际上新兴的一种用于定量研究各种道路交通安全问题及其对策的非事故统计评价理论方法,它定义的交通冲突是指机动车与其他道路使用者双方,若各按其原来的方向和速度行驶,则一定会发生碰撞事故,但由于其中一方采取了制动、转向或加速行驶等紧急避险措施,避免了事故发生的事件。瑞典冲突专家 Christer Hyden 在交通冲突理论的基础上,编制冲突分析程序来研究机动车与非机动车、机动车与行人的冲突。该冲突分析方法通过统计交叉口冲突点的个数来分析交叉口的安全性。它将道路交通冲突点分为两类:严重冲突点和非严重冲突点。其中,冲突的严重程度由通过待测交叉口的道路使用者采取避让行为时刻的车速和距冲突点的距离(或时距)决定,可以通过图 6-8 直接判断冲突的严重程度。

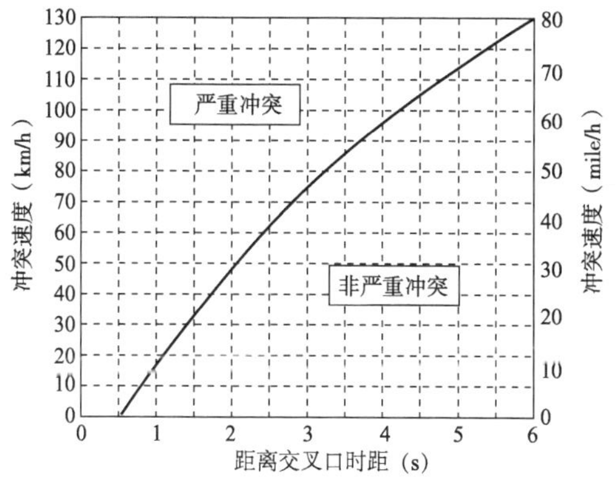

图 6-8 冲突严重程度判断图

6.1.3 典型措施

6.1.3.1 缩短行人过街距离

1)主要目标

(1)使行人垂直于交通流,以最短距离过街;

(2)缩短行人一次过街的距离;

(3)减少行人与机动车的冲突,减少行人暴露在机动车交通流中的机会;

(4)提高行人过街的遵章率;

(5)增加行人过街的安全感。

2)具体方法

(1)减小缘石转弯半径。

行人过街的长度等于进出口车道、中间分隔带宽度之和。缘石半径越大,行人穿越距离越长。合理的缘石转弯半径设置不仅可满足机动车转弯,也能保障行人垂直于交通流以最短距离安全过街。

图 6-9 是以路面宽度 18.2m 的道路为例,说明缘石转弯半径与行人穿越距离的关系。图 6-9a)缘石转弯半径为 4.6m 时,行人穿越的距离为 18.9m,比路面宽度增加了 0.7m;图 6-9b)缘石转弯半径为 7.5m 时,行人穿越的距离为 21.3m,比路面宽度增加了 3.1m;图 6-9c)缘石转弯半径为 15.2m 时,行人穿越的距离为 30.5m,比路面宽度增加了 12.3m。

通过减小缘石转弯半径,可达到以下效果:缩短行人过街距离,降低机动车右转车速,增加驾驶人反应时间和反应距离,改善行人和右转车视距,减少右转车与行人的事故。

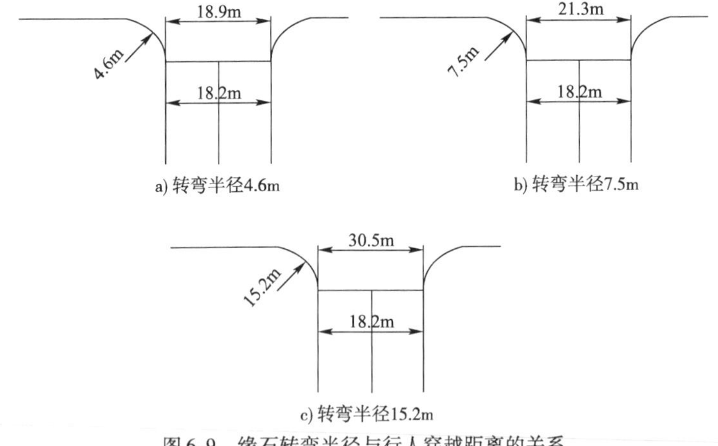

图 6-9 缘石转弯半径与行人穿越距离的关系

表6-6反映了缘石转弯半径与右转机动车速度的关系。

交叉口缘石转弯最小半径　　表6-6

右转弯计算行车速度(km/h)	30	25	20	15
交叉口缘石转弯半径(m)	33～38	20～25	10～15	5～10

注:非机动车车行道宽度为6.5m时用小值,宽度为2.5m时用大值。

对有一条路侧停车带的道路,也可通过拓展弯道达到类似效果,并可增加人行道面积。

①设计原则和实施要点:

a.满足大多数社会车辆在一定行驶速度下的转弯半径要求,同时满足特种车辆的最小转弯半径要求。特种车辆包括消防车、救护车、校车、公交车等。

b.要计算右转车的延误、排队长度,满足右转专用车道通行能力要求。

c.大转弯半径车辆可通过交通组织引导,从相邻道路通过。

d.满足视距清空的要求和排水要求。突出的路缘部分应有隔离桩等,防止机动车误入人行道,以免行人受到伤害。

这项措施适用于行人交通量大的地区,或转弯机动车车速过高、机动车不让行人比例高的交叉口,不适于右转弯车辆过多的城市道路。

②配套措施:

a.设右转专用车道;

b.应满足照明的要求,防止机动车因为夜间视线不好撞上路缘或障碍物。

(2)设置行人安全岛。

行人安全岛为行人过街驻足区的统称,一般设在中央分隔带或机动车与非机动车的分隔带。

通过设置安全岛,可达到以下效果:缩短行人一次过街距离;阻止机动车太靠近行人;改善行人视距;增加行人反应时间和反应距离;增强行人的安全感及舒适性,减慢步速;减少直行车与行人的事故。

按照交叉口情况选择适宜的安全岛形式,其中:基本行人安全岛高出于地面的石台,面积较小,宽为1.2~1.8m,长为2.4~3.6m,位于双向道路的隔离带中间;三角形安全岛紧临右转车道,将不受信号控制的右转车道与受信号控制的直行车分开,为行人通过直行车道后,通过右转车道前提供等待区域;长行人安全岛是比基本行人安全岛更长、更宽的安全岛设施,位于双向道路的隔离带。

行人安全岛应设置在双向4车道以上,机动车流量大,行人特别是老人、儿童和残疾人流量大、过街频繁的路段上。

浙江省《城市道路人行过街设施规划与设计规范》规定:交叉口进出口机动车道条数之和达5条时,应在道路中央规划设置行人过街安全岛。新建交叉口行人过街安全岛宽度宜大于3.0m,不得小于2.0m;改建、治理交叉口行人过街安全岛宽度不得小于1.5m。上海市《城市干道行人过街设施规划设计导则》规定:人行横道长度达30m或双向机动车进、出口道达8车道时,应设路中行人安全岛。路中行人安全岛宽度不宜小于2m,面积不宜小于14m^2;改建、整治时宽度不宜小于1.5m,面积不宜小于10m^2。

配套措施:

a.安全岛应尽量设置护栏;

b.未高出地面的安全岛应设置隔离桩(阻止掉头车辆进入);

c.根据交叉口情况或交通控制系统的要求,在有安全岛的道路上,应对行人进行协调或独立的二次过街信号控制。

同步二次过街信号控制:在道路边缘和分隔带上信号灯显示同样的信号。绿灯闪烁时长应满足绿灯一亮起就过街的行人至少能到达另一段人行横道的中央。不能避免绿灯即将熄灭时进入的行人在中央分隔带安全岛上等待下一次通行信号。

在安全岛上等候时间不超过1个信号周期,可设置分方向的行人信号,以充分发挥安全岛的作用,但该措施会造成行人的过街延误。

四相位信号交叉口可利用左转相位放行一部分行人至安全

岛,减少行人等候时间。

两相位路段可将按钮式信号灯分为两个独立的信号设置,有行人需要穿越时按过街按钮,变为绿灯时通行至安全岛,另一侧的绿灯时间在行人到达安全岛后亮起。

6.1.3.2　行人过街空间隔离及行为规范

1)主要目标

(1)明确行人的路权;

(2)在空间上隔离行人和其他交通流;

(3)提高行人过街的遵章率;

(4)增加行人过街的安全感;

(5)提高交叉口的运行效率。

2)具体方法

(1)设置专用行人过街设施。

通过设置专用行人过街设施(人行横道、地下通道、过街天桥等),隔离过街行人与其他交通流空间,减少行人与机动车的冲突,提高行人过街的安全性及运行效率。

①设计原则和实施要点:

a. 人行道施划确保行人尽可能以垂直最小距离通过交叉口;

b. 人行横道宽度不宜小于3.0m;

c. 过街天桥、地下通道考虑残疾人车辆的通行,尽量采取缓坡设计方式;

d. 过街天桥和地下通道的坡度要考虑老年人过街需要,尽量减小坡度,有条件时安装扶梯;

e. 道路两侧人流密集的大型建筑物或地铁,可结合实际条件,设置人行天桥和地下通道,人行天桥和地下通道两端与建筑物或地铁进出口相连,进行整体设计。

②配套措施:

a. 在人行横道设置行人信号灯,从时间上明确行人路权;

b. 应配合护栏等空间隔离设施及指引标志,引导行人使用人行过街设施;

c. 加强地下通道的安全性，延长安保工作时间，安装摄像头，改善交叉口的照明条件，增强行人夜间可视性；

d. 行人要有足够的空间等待过街，临时施工需要考虑预留行人的活动空间。

③设置过街天桥或地下通道的条件：

a. 横过交叉口的步行人流量大于5000人次/h，且同时进入该交叉口的当量小汽车交通量大于1200辆/h；

b. 通过环形交叉口的步行人流量达18000人次/h，且同时进入环形交叉口的当量小汽车交通量大于2000辆/h；

c. 行人需横过城市快速路；

d. 铁路与城市道路相交道口，因列车通过一次暂时阻隔步行人流超过1000人次/h或道口关闭时间超过15min。

行人、机动车流量都比较大，如果不设置立体过街设施，就会出现人、车抢行，交通秩序混乱现象。

(2)设置行人隔离设施。

通过护栏、隔离桩等设施，可以在空间上隔离行人与机动车，提高行人专用设施的使用率。

①具体措施：

a. 在交叉口设置行人护栏，促使行人使用行人专用设施；

b. 与中央分隔带护栏同时使用，阻止行人在不安全的路段穿行；

c. 在交叉口设置其他突起的隔离设施，如隔离桩、超出路面的人行道等，阻止机动车与行人混行。

以上措施将大大减少行人因“违法穿行机动车道”引发的事故，但在提高行人安全性的同时，可能增加了行人的过街距离和体力消耗。

②设计原则及实施要点：

a. 护栏的高度一般要大于120cm，接近交叉口处要进行高度渐变设计，满足交叉口机动车视距的要求；

b. 公交站点附近应尽量安装道路中央隔离护栏，护栏长度应

合理,最佳绕行距离为直接过街距离的1.2倍;

c. 尽量兼顾残疾人、老年人的通行需求;

d. 人行道桩高度不应该低于0.4m,桩间距应该控制在0.8~1.5m之间,不应妨碍无障碍交通设施通行;

e. 设置行人护栏时,需要同时设置警告标志、提示标志、引导标志。

③适用范围:

商业区、交通枢纽地区、公园等休闲娱乐场所附近等机动车交通和步行交通量都很大的场所,特别是行人违法在机动车道行走或违法穿越机动车道比例高的交叉口。

6.1.3.3 非机动车过街空间隔离及行为规范

1)主要目标

(1)明确非机动车的行驶路径及路权;

(2)从空间上隔离非机动车和机动车,消除冲突点;

(3)提高非机动车过街的遵章率;

(4)增加非机动车过街的安全感;

(5)提高交叉口的运行效率。

2)具体方法

(1)设置非机动车道隔离设施。

机非护栏、机非隔离带、超出路面的非机动车道设计,可以在空间上有效分隔非机动车与机动车交通流,减少非机动车与机动车的冲突,提高非机动车在交叉口的安全性。

慢行交通一体化设计道路可能带来非机动车行驶空间被挤压、过交叉口不便及非机动车对行人干扰过大的负面影响。

①设计原则和实施要点:

a. 机非护栏的长度要满足最短长度的要求。

b. 机非护栏的高度一般为1.3m,临近交叉口可通过6扇(约18m)坡度渐变段,将1.3m高度规格的护栏平缓过渡到0.7m高度规格的护栏,满足交叉口机动车视距的要求。

c. 保障非机动车道及非机动车轨迹连续性。

d. 保障非机动车道宽度。

当非机动车交通量过大时，一个信号相位不能完全放行非机动车时，可考虑增加护栏内非机动车道宽度，或增加立体的非机动车过街设施，如带缓坡的过街天桥或带缓坡的地下通道。

不同速度下自行车占用道路面积不同，在 10km/h 时为5.2m²，12km/h 时为 6.2m²，15km/h 时为 10.3m²，20km/h 时为 12.1m²。也有研究显示，自行车的速度与所需的动态面积存在下列函数关系：

$$L = 1.9 + 0.14v_{max} + 0.0092v_{min}^2 \qquad (6\text{-}1)$$

式中：0.14 和 0.0092——分别为制动时的反应系数和制动系数；

v_{max}——行驶时的最大车速，km/h；

v_{min}——制动减速后的车速，km/h。

e. 机非护栏的外侧要设置反光装置，避免机动车发生单方碰撞事故。

f. 慢行交通一体化设计时要设置缓坡，以便非机动车顺利进出非机动车道。

②配套措施：

a. 机非护栏要设置相应的标志和标线，引导非机动车行驶轨迹；

b. 在非机动车流量较多，或形状复杂、视距受限的交叉口，要施划连续的非机动车轨迹线，保证非机动车与其他交通流分离开来，并且有完整的行驶轨迹，缩小非机动车与其他交通流冲突面积，减少冲突点；

c. 慢行交通一体化设计应保证慢行交通通道的通行能力，满足行人及自行车舒适通行的需求；

d. 慢行交通一体化设计应尽量加设隔离墩，避免机动车驶入人行道停车，同时尽量设置机非隔离护栏，避免由于非机动车突然驶入机动车道，造成更严重的事故。

③适用范围：

a. 机非隔离护栏或隔离带适用于非机动车交通量大的交叉

口,或机非冲突严重的交叉口;

b. 慢行交通一体化设计适用于非机动车交通量及行人交通量大且高峰重叠的交叉口。

(2)施划非机动车二次左转过街/左转非机动车渠化线。

通过设置左弯待转区等措施,使机动车二次左转,或施划左转非机动车渠化线,使其与左转机动车在左转相位同时左转,从而对左转非机动车与直行机动车进行时空分离,提高交叉口的运行效率及左转自行车驾驶人的安全性。

①具体的二次左转措施:

a. 在交叉口内施划自行车二次左转停止线或等候区;

b. 使左转自行车先右转,再随行人信号灯二次过街;

c. 与行人交通进行一体化设计,将非机动车车道抬高至人行道,使左转自行车先右转,再随行人信号灯二次过街。

以上措施提高了交叉口运行效率,又确保非机动车有安全的时间路权左转,消除了左转非机动车与机动车的冲突,但是增加了非机动车的行驶距离。

②设计原则和实施要点:

a. 因自行车起步较快,所以二次待转线(或区)可以停在直行机动车前,但一个信号周期内自行车最大左转流量所要求的待转区面积不能妨碍右转车道车辆通行;

b. 采取先行右转的二次左转措施时,应使用护栏隔离自行车和机动车;

c. 抬高非机动车道,使其与人行道在同一平面,与机动车道衔接处的缓坡坡度应适中。

③适用范围:

在交叉口内施划自行车二次左转停止线或等候区,适用于4条道路交叉口中四相位交叉口或者禁止车辆左转的两相位交叉口。

④配套措施:

a. 设置非机动车引导标志并施划连续的引导标线;

b. 设置机动车让行标志；

c. 采用第二种和第三种二次左转措施时，应使用护栏隔离先行右转的二次左转自行车和机动车；

d. 采用第三种二次左转措施时，应设隔离桩，避免机动车利用慢行道。

6.1.3.4　减少右转车干扰

1）主要目标

（1）从时间上、空间上消除或减少右转机动车与行人、非机动车在交叉口的冲突；

（2）降低右转车车速，降低右转机动车与行人、非机动车在交叉口的冲突严重程度；

（3）明确行人、非机动车的路权，提高机动车让行比例。

2）主要方法

（1）施划让行行人、自行车标志、标线。

让行行人、自行车标志、标线是为了让右转机动车在通过交叉口时减速慢行，让行人、自行车先通过。

该措施可减少右转车与行人、自行车之间的冲突及事故，减少行人及相交道路机动车的延误，同时可能会降低行人闯红灯比例。

①设计原则和实施要点：

a. 设有“减速让行”标志的交叉口，应设减速让行标线；

b. 减速让行标线应设在最有利于驾驶人瞭望的位置，一般可设在主干道缘石延长线上，如有人行横道线时，减速让行线应距人行横道线 1.5 ~3m；

c. 减速让行线必须垂直于行车道；

d. 环形交叉口，每个进口道都应设置减速让行线。

②适用范围：

行人减速让行标志及标线宜设置或施划在右转车速较高或行人、自行车过街量较大的交叉口，注意配合辅助标志，提示机动车让行行人。

(2)设置右转红灯。

在信号交叉口处,行人与右转机动车的冲突主要有以下三种情况:一是右转机动车与侧向行人同相位放行导致两者冲突,如图6-10冲突A;二是绿灯末期过街或步速较慢的行人与下一相位右转机动车发生冲突,如图6-10冲突B;三是允许右转机动车红灯时通行,导致右转机动车与同进口过街行人冲突,如图6-10冲突C。

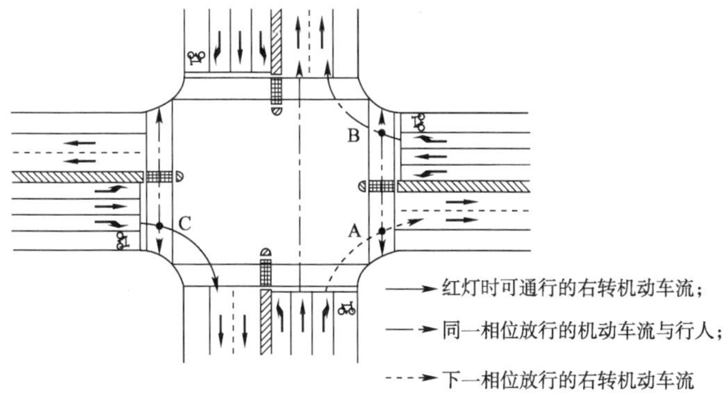

图6-10 行人与右转机动车的冲突示意图

①该项措施主要包括:

a.有专用右转相位的交叉口,右转车在右转箭头灯为红灯时禁止通行;

b.两相位交叉口右转车在红灯时禁止右转车通行。

通过该措施,可减少行人、非机动车与右转车的冲突,明确行人、非机动车的路权,从时间上消除右转车和行人、自行车的冲突,还可从时间上分离右转车与相交道路直行车的合流冲突。

②设计原则和实施要点:

a.行人绿灯比右转机动车绿灯早启3~5s,使等候过街的第1波行人提前通过冲突点,同时保证右转机动车驾驶人看清行人并及时避让;

b.可以全天使用,也可以仅在早晚高峰行人流量大的时候使用，以提高交通效率；

c. 右转机动车延误在可接受范围，否则应采用立体化的空间隔离措施或右转车分流措施。

③适用范围：

a. 行人与右转机动车流量均较大，两者之间冲突多的交叉口；

b. 视距有限，有 U 形掉头交通穿越，行人或自行车流量较大，有特殊的行人团体，临近铁路或者轻轨交叉口。

④配套措施：

a. 与行人相位相配合，行人相位早起早结束，避免右转车速度过快，反而造成更为严重的事故；

b. 注意加强交通管理，避免行人闯红灯，因为行人闯红灯可能导致更严重的事故；

c. 设置辅助标志提示行人比右转弯车辆具有优先权，以避免同相位放行的行人与右转机动车冲突。

(3)禁止右转。

禁止机动车在交叉口右转。右转的机动车提前在前一交叉口右转或者通过相邻道路实现右转，如图 6-11 所示。通过该措施，可彻底消除右转机动车与行人、非机动车在交叉口的冲突，缺点是增加了右转车的绕行距离。

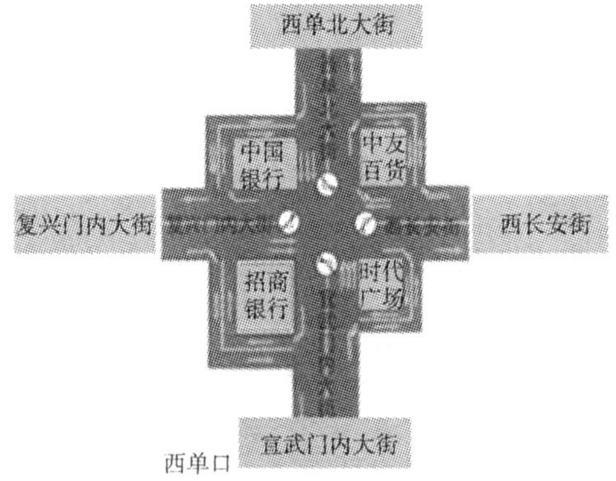

图 6-11　禁止右转的交叉口交通组织方式

作为一种变通方法,还可将右转车道提前置换至自行车道右侧,消除右转机动车在交叉口与非机动车的冲突(见图6-12)。

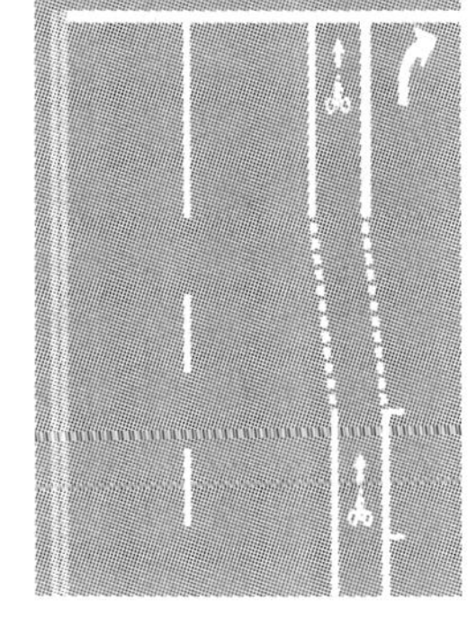

图6-12　右转车道提前置换至自行车道右侧

①适用范围:

a.视距受限,行人与非机动车流量较高,与直行或右转车辆冲突严重的交叉口;

b.右转车交通流量很大,右转车排队长度超过右转车道的长度时;

c.与上一交叉口距离较近,小于100m;

d.相邻道路有平行道路组织交通,右转机动车可在前一交叉口提前右转。

②配套措施:

提前设置指路引导标志。

6.1.3.5　降低机动车车速

降低机动车车速是提高交叉口交通弱势群体安全性的重要举措。分析北京市大量交叉口的机动车夜间车速数据,得到平均车速、85%的驾驶人、50%的驾驶人、15%的驾驶人车速分别为42.3km/h、58.75km/h、45km/h和34.25km/h,可以看出,车速普遍偏高,存在较严重的事故隐患。

1)主要目标

(1)降低机动车通过交叉口时的速度;

(2)延长驾驶人发现行人、非机动车的时间;

(3)减少机动车与行人、机动车与非机动车的冲突或事故;

(4)降低冲突或事故的严重程度。

2)主要方法

(1)设置限速标志。

限制速度标志表示该标志至前方解除限制速度标志的路段内,机动车行驶速度(单位为km/h)不准超过标志所示数值。一般设在需要限制车辆速度的路段的起点,图6-13a)表示限制速度为40km/h。

解除限制速度标志表示限制速度路段结束。一般设在限制车辆速度路段的终点。标志颜色为白底、黑圈、黑细斜杠、黑字。图 6-13b)表示限制速度为 40km/h 的路段结束。

a)限制速度

b)解除限制速度

图 6-13　限速及解除限速标志示例

①设计原则与实施要点：

a. 限速标志与解除限速标志一同使用；

b. 可以全天使用，也可以仅夜间使用，夜间使用的限速标志应有足够的可视性；

c. 最高限速值应参考 85% 的驾驶人的车速值及实际情况；

d. 限速值应能被大多数驾驶人所认同，从而提高驾驶人遵守限速标志的自觉性；

e. 限速标志应设置在能够让绝大多数驾驶人明显注意的地方；

f. 设置时综合考虑多种因素，避免考虑个别因素而忽略其他重要因素，从而出现设置不合理及不符合实际情况的现象；

g. 必要时采用多级限速预告并注明限速原因。

②适用范围：

a. 机动车通行速度很快，而过街行人及非机动车较多的交叉口；

b. 驾驶人视距受限，行人和非机动车不易被驾驶人发现的交叉口；

c. 机动车与行人、机动车与非机动车较常发生事故的交叉口。

③配套措施：

a. 限制速度标志可与摄像头、测速区配套使用；

b. 必要时可与减速带配合使用。

(2)设置减速带。

减速带主要包括横向振动带、减速丘和视觉减速带，其中，横向振动带能够起到听觉和振动的双重警告作用，提示驾驶人前方有交叉口，以降低行车速度，减速丘也有同样效果。视觉减速带则

主要通过视觉效果，起到提示或促使驾驶人减速的作用。也可设计粗糙路面或彩色铺装的人行道，起到振动带及视觉减速带的作用。但此类措施的缺点是有噪声，对车辆的损耗较大，不适用于大型交叉口。

设计原则与实施要点：

a. 凸起减速带应垂直于行车方向；

b. 支路或机动车流量小的其他等级道路，减速带应有反光膜；

c. 无信号灯交叉口应设置减速带。

注意配合安装指示标志或警告标志，提示前方减速慢行，同时避免追尾事故。

(3) 注意道路线型设计。

通过减小缘石半径、变直线段为曲线段、压缩道路宽度等几何线型设计，可有效降低机动车的车速。

减小缘石半径、压缩道路宽度的措施，除有效降低机动车通过交叉口时的速度外，还可缩短行人、非机动车的过街距离，并提供足够的空间设置行人或非机动车驻足区。

①设计原则与实施要点：

a. 不同车型分道行驶。小型机动车行驶的道路设置较窄的宽度、较小的半径，大型机动车行驶的道路设置较宽的宽度、较大的半径；

b. 与相邻道路协调。

②适用范围：

a. 行人和非机动车流量大、机动车流量较小的交叉口；

b. 景区道路。

6.1.3.6 优化信号配时

1) 主要目标

(1) 保障行人和机动车的清空时间，减少闯红灯的比例；

(2) 从时间上分离行人、自行车与机动车的冲突；

(3) 提高交叉口的运行效率。

2) 具体方法

(1) 调整黄灯或全红清空场地时间。调整黄灯相位间隔或调整全红清空场地时间，使行人和机动车都有足够的清空时间，减少闯红灯频率。研究表明，此措施可减少 15% 的冲突，右转车道减少 30% 的冲突。

（2）调整信号周期的长度。长周期造成车辆、行人等待时间加长，这样会使驾驶人和行人不耐烦，引发闯红灯或者不遵守信号灯等现象。

（3）调整信号相位、相序和相位差，分离各种交通流。

（4）使行人、非机动车信号早起早结束，对规范行人行为，减少行人与转弯车辆的冲突，尤其是与右转车的冲突非常有效。

（5）定周期变为自适应控制。在实时流量数据基础上，动态地分配通行时间，尽可能减少延误，提高效率。

（6）增加左转、右转相位。

（7）增加行人、自行车相位。

通过以上措施，可以从时间上分离行人、自行车和机动车交通流，明确行人、自行车的路权，降低行人闯红灯比率，减少行人、自行车过街时与机动车的冲突。

①设计原则与实施要点：

a. 行人信号灯应有足够的绿灯时间，保证行人按照正常步速安全通过。绿灯长度应满足绿灯一亮起就过街的行人能够在绿灯时间内通过一半以上的人行横道。

b. 保证行人过街等待时间短，一般应小于 60s，超过 60s 可考虑分两段过街或在一个周期内给行人两次绿灯。绿灯时间太短或等待时间太长时，行人闯红灯的概率会增大。

c. 周期最大不宜超过 180s。

d. 黄灯时间一般为 3 ~5s。

黄灯间隔时间的计算如下：

$$y = t + v/(2a + 2Gg) \tag{6-2}$$

式中：y——黄灯相位间隔，s；

t——反应时间，s；

v——设计车速，m/s；

a——平均减速度,3.048m/s^2;

G——设计坡度,%(下坡为负值);

g——重力加速度,9.8m/s^2。

e.全红时间计算:

$$r=(w+L)/v=P/v=(P+L)/v \tag{6-3}$$

式中:r——全红时间,s;

w——交叉口宽度,即最近停车线到最远车道边缘的距离,m;

P——交叉口宽度,即最近停车线到最远人行横道边缘的距离,m;

L——车长,m;

v——车辆通过交叉口时的速度,m/s。

需要注意的是,有些情况下全红时间应减去1s,因为有时候不用黄灯相位转换,另外,车辆过街时反应会有延迟。

f.调整信号的相位差。考虑到非机动车二次过街与直行信号存在相位差,行人、非机动车信号应提前2~4s,避免与机动车发生冲突。

g.根据适用条件可采用感应式和定时式两种信号控制方案。

其中,感应式信号的应用条件是:在行人交通量变化大而且不规则,难于用定时控制处置的路段,以及需要减少过街交通量,以减小对主要干道干扰的路段;不适宜处于联动定时系统中的路段;过街交通只在一天的部分时间里需要信号控制的路段;在小交通量交叉口或时段,感应控制不致使主要道路上的交通产生不必要的延误;在有几个流向的交通量,并且交通量时有时无或多变的复杂路段上。

定时式信号控制的适用范围是:信号启动时间一致,有利于与相邻交通信号的协调,特别是要联结几个相邻交通信号或一个信号网络系统;不存在路边停车及其他因素影响车辆检测的路段;行人交通流量大且均衡的路段。

②配套措施:

a.采取多种方式显示明确的等待时间,如设置倒计时信号灯、动态眼等,提示行人调整步速。

b.设应答式行人信号灯。行人可以通过按钮请求绿灯。采用此种信号灯,从发出请求到放行的等待时间要尽量短,按钮按下后要通过显示信号告诉行人,系统已接受请求。

c. 必要时需要交通协管员配合管理。

d. 合理设置专用相位与应配合的转向车道。

高峰小时一个信号周期进入交叉口左转车辆多于3或4个标准车(小交叉口为3个标准车,大交叉口为4个标准车)时,应增设左转专用车道;高峰小时一个信号周期进入交叉口右转车多于4个标准车时,应增设右转专用车道,以满足通行需求。

6.1.3.7 改善视距及视认性

1)主要目标

(1)提高所有道路使用者的视觉环境;

(2)改善照明条件,减少夜间事故;

(3)改善静态视距及车辆行驶中的动态视距,保证机动车驾驶人的反应时间;

(4)增加交通设施及道路使用者的可视性。

2)主要方法

(1)改善交叉口静态视距。

①改善静态视距的措施有:

a. 清空视距三角形范围内的障碍物。路侧物体(包括柱子、路灯、信号灯杆、标志及其他设施)尽可能远离路侧,设在人行道外侧更好。

b. 合理设计停车线。左转车道停车线后退,为右转车辆提供视距,并方便大型车辆转向。停车线垂直于人行横道,使得驾驶人更易发现行人,及时采取措施。

c. 设置高度渐变的交叉口护栏,避免机动车过晚发现行人和非机动车,进而引发交通事故。

通过以上措施可改善静态视距,保证机动车驾驶人的反应时间。

②设计原则与实施要点:

a. 满足视距三角形的要求,清空驾驶人视距三角形范围内的

障碍物。常见的视距有停车视距、判断视距等，要求满足驾驶人在无路权情况下，察觉可能与车辆和行人发生的冲突，并做出反应，见图6-14。

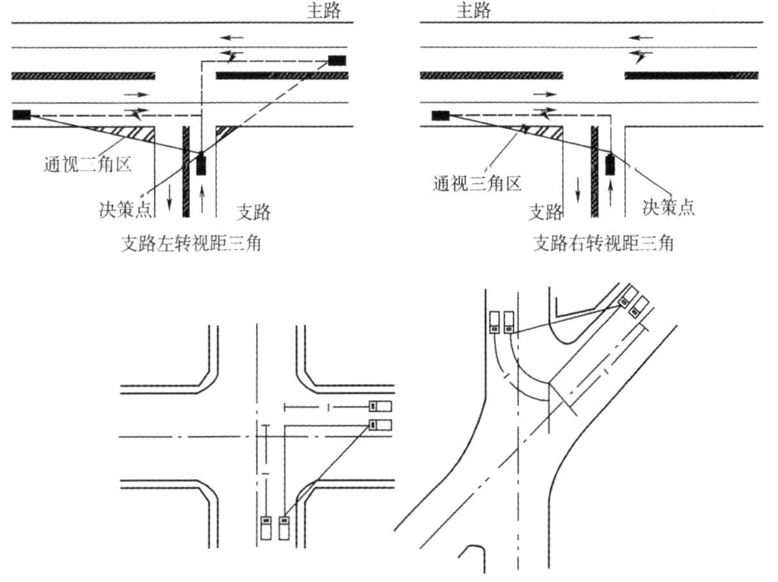

图6-14　视距三角形

停车视距是指在同一车道上，车辆行驶时，遇到前方障碍物，而必须采取制动停车措施时所需要的最短行车距离。

判断视距是指驾驶人发现突发情况，调整行驶车速和路径，有效、安全地完成操作的最短距离。车辆必须在交叉口之前特定的车道内完成上述应对措施。

b. 在信号灯控制的交叉口，各进口第一辆车停在停车线内，应能被其他进口第一辆车看到，并可观察到交叉口内的行人、非机动车。

c. 左转车辆应有足够的视距，以选择对向车队间隙完成左转，同时可发现过街行人。

d. 主路红灯右转时，应能及时看到相交道路行驶的非机动车，满足让行非机动车条件。

e. 视距应符合城市道路设计规范中的相关规定。

(2)改善交叉口动态视距。

行车过程中,由于大型车辆遮挡,小汽车驾驶人不易发现信号灯、行人和非机动车,容易造成违章或冲突。

①改善交叉口动态视距的主要措施:

a. 设置减速及警示标志,提示机动车减速慢行,并注意信号灯、行人及非机动车;

b. 设置警示标志,提示行人不要在大型车辆间穿越;

c. 补充辅助信号灯或改变信号灯的设置位置。

通过以上措施可避免由于动态视距不好,机动车驾驶人未能及时发现危险,而引发交通事故。

动态视距遮挡严重的交叉口,可将信号灯、标志设为悬挂式或悬臂式;道路两侧或中央分隔带可设辅助信号灯。

②适用范围:

该措施适用于所有城市道路交叉口,特别是大型车辆比例高的交叉口。

(3)基于保护交通弱势群体的路口典型设计。

图6-15是基于保护交通弱势群体而设计的,主要针对行人、自行车较多、面积较大的路口。与平常的路口设计比较,这种设计主要变化及功能有:

a. 设计较大的安全岛"1",供行人和非机动车等候。同时提前分离右转车道,将右转车辆与行人、非机动车的冲突分散,并远离路口。右转车道可以设计适当弧度,以降低右转车速。

b. 设计直行自行车等候区"2",并将自行车等候区提前至停车线、人行横道前,减少自行车与机动车的冲突及自行车违法率。

c. 设计"Z"形人行横道,并提供中心等待区。"Z"形人行横道有利于行人主动观察前方来车,提高观察效率;中心等待区适用大面积路口。

此外,在信号控制、标志标线设计方面,可以尝试在中心等候区设置行人信号灯,防止行人与左转车辆发生冲突,或者提示行人注意左转车辆。当然,按照上述设计原则,在进入路口的区域应该加强减速提示,这对于预防路口事故尤其重要。

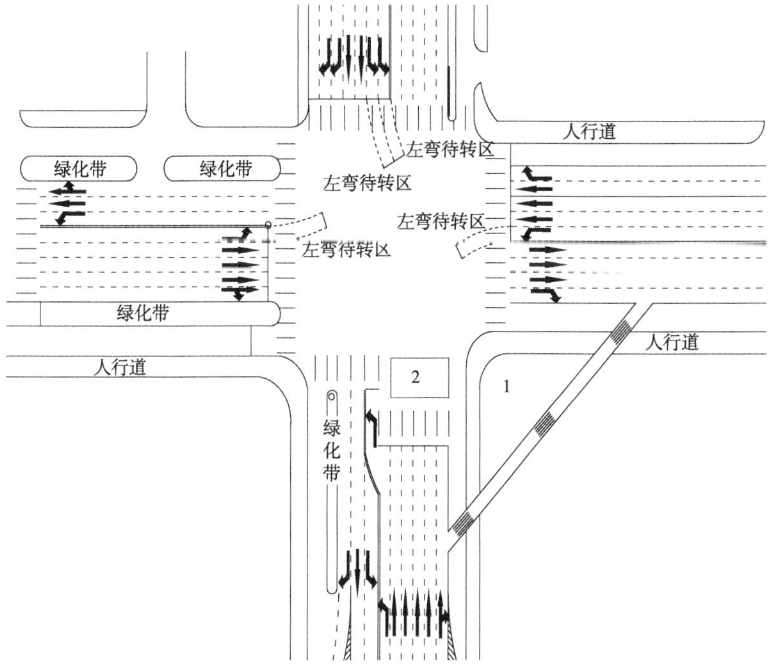

图 6-15　基于保护交通弱势群体的路口典型设计

6.2　路段安全过街设计

6.2.1　非机动车道隔离设施

机非护栏、机非隔离带、高出路面的非机动车道设计,可以在空间上有效分隔非机动车与机动车交通流,减少非机动车与机动车的冲突,提高非机动车在交叉口的安全性。

①设计原则与实施要点:

a. 机非护栏的长度要满足要求。

b. 机非护栏的高度一般为 1.3m,临近过街处可通过 6 扇(约

18m）坡度渐变段，将1.3m高度规格的护栏平缓过渡到0.7m高度规格的护栏，满足过街处机动车视距的要求。

c. 保障非机动车道及非机动车轨迹连续性。

d. 根据速度、流量，保障非机动车道宽度。不同速度下自行车占用道路面积不同，不同数量的非机动车行驶宽度要求也不同。经实验测试，单排自行车行驶一般需要1~1.5m宽的路面，两辆自行车并排一般需要2~2.5m宽的路面，三辆自行车并排则需要3m宽的路面。

e. 机非护栏的外侧要设置反光装置，避免机动车发生单方碰撞事故。

f. 机非护栏要设置相应的标志和标线，引导非机动车行驶轨迹。

②适用范围：

机非隔离护栏或隔离带适用于非机动车交通量大的路段或机非冲突严重的路段。

6.2.2 优化公交站台设置

城市道路上公交线路繁多，公交站台密集，公交站台是行人或非机动车驾驶人换乘交通工具出行的主要节点。公交站台交通组织不合理，不仅容易导致交通拥堵，也会给城市道路交通弱势群体带来危险。

①设计原则与实施要点：

a. 在自行车流量较大的路段，公交站台设置应如图6-16b）所示，分离非机动车与机动车。目前，多数站台仍然如图6-16a）所示，公交车一靠站，后面跟行的自行车只能借用机动车道超越公交车，形成非机动车与机动车的强烈冲突。很明显，行人与非机动车的冲突远小于非机动车与机动车的冲突力度，因此选择图6-16b）的设置方式，有利于保护交通弱势群体的安全。

b. 公交站台应高于路面，增加护栏，防止行人随意进入机动车道，同时预防机动车冲入站台，增强对候车人的保护。

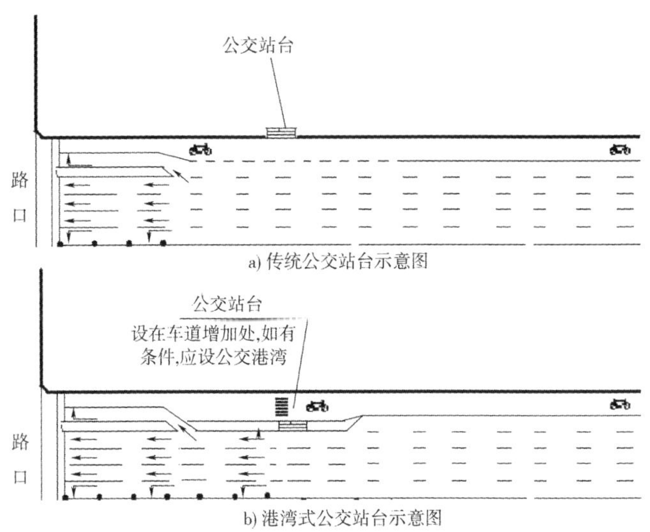

图 6-16　优化公交站台设置

c. 主路上的公交站台应有人行横道或其他安全过街设施与辅路便道连接,便于行人通行。

d. 公交车站台附近人行横道的设置要格外注意,一种方案是将人行横道设在公交站台上游位置,如图 6-17a) 所示;另一种方案是设在下游位置,如图 6-17b) 所示。显然,通过冲突分析可知,第一种方案中停靠的公交车对后车易形成视线盲区,容易导致事故发生。

图 6-17　单一公交站台与人行横道设置

e. 路段两侧都有公交车站，道路中间又有人行横道的，设计应该避免图 6-18a）方案，而应采用图 6-18b）方案。

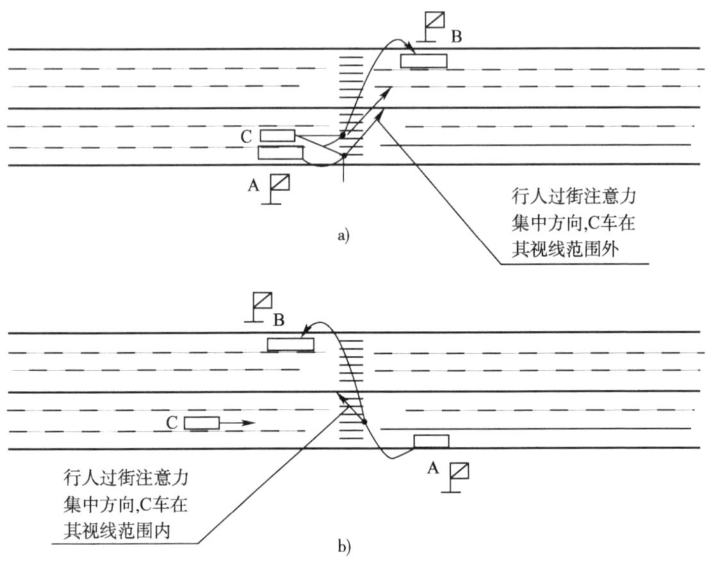

图 6-18　双向公交站台与人行横道设置

②配套设施：

路段两侧都有公交车站的，应该加装行人与非机动车隔离护栏或中心隔离护栏，同时就近设置人行过街设施。

6.2.3　优化路段过街设计

6.2.3.1　安全岛

高出路面或非高出路面的行人过街驻足区统称为行人安全岛，一般设在中央分隔带或机非分隔带。路段过街安全岛一般设置在中央分隔带，按照路段情况，一般可分为基本行人安全岛或狭长安全岛。路段过街安全岛与路口安全岛的区别在于路段过街安全岛一般面积较窄，且不高出路面，一般还应设置防自行车穿行的路桩。

通过设置安全岛，可达到以下效果：缩短行人一次过街距离；

阻止机动车靠近行人；改善行人视距；增加行人反应时间和反应距离；增强行人的安全感及舒适性，减慢步速；减少直行车与行人的事故。

行人安全岛应设置在双向4车道以上，机动车流量大，行人特别是老人、儿童和残疾人流量大、过街频繁的路段上。

配套措施：

a. 安全岛应设置路桩或路障；

b. 非高出路面的安全岛应设置隔离桩（阻止掉头车辆进入）；

c. 路段安全岛应对行人进行协调或实行独立的二次过街信号控制。

6.2.3.2 人行横道设置

人行横道是城市街道行人过街的主要通道，与其他过街设施比较，人行横道易施划、成本低，但安全性较低。

①设计原则与实施要点：

a. 设置人行横道时，要注意按照行人过街的心理特点，选择适当的过街位置。特别是要注意行人过街时的心理指向性和注意力集中方向。注意人行横道与公交车站、路口、隔离设施、车道等的关系，尽可能减少死角、盲区，让人行横道成为行人过街安全可靠的通道。

b. 人行横道的位置不能按理想化条件设置，而应以人为本，充分考虑行人现有素质，尽可能设置在行人过街心理最优路径上。只有这样，行人的守法率才会高。此外，人行横道应宽一些，太窄不利于机动车驾驶人提前发现行人，也不利于行人顺利过街。人行横道的宽度与路段车速成正比，车速快的路段人行横道宜宽，以满足机动车驾驶人安全视距要求。

c. 对于车道对称式布置的道路，在人行横道附近应适当缩窄行车道宽度，以促使驾驶人降低车速。行车道变窄，省出的路面用来设置安全岛，并按错位方式设置人行横道，同样可以达到行人安全、车辆畅通的效果，如图6-19所示。

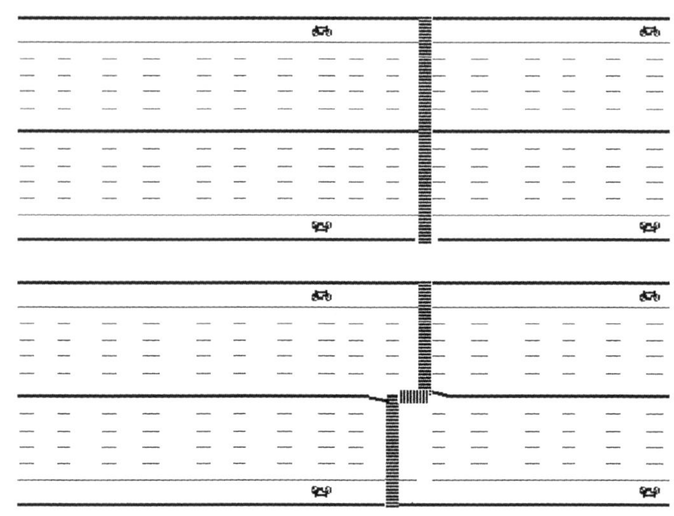

图 6-19　错位式人行横道

d. 人行横道的设置间距。人行横道的设置间距要视道路两侧用地性质、行人过街需求和路口间距而定。对于商业区、居住区的集散道路，人行横道可以适当设置密集一些，一般以间隔 200m 左右一条为宜；对于主干道、过境通道，可适当设置稀疏一些，一般间隔不小于 300m 一条；对于一般性道路，人行横道的间距宜控制在 200 ~ 300m 之间；对于行人过街相对集中的路段，可以根据实际需要适当缩小人行横道间距，分散行人过街，以避免在人行横道处形成"人墙"。一旦形成"人墙"，则应在人行横道处加装行人过街信号灯，或者增设行人过街天桥、地下通道，使车辆、行人拥有各自的时间路权，避免交通拥堵。

②配套措施：

a. 在道路中央设置行人过街安全岛，给行人以明确的空间占用权。安全岛不同于常规的直通式人行横道，设置时应综合考虑视距、位置、过街形式等因素，确保行人过街安全。对于原设计为三上三下六车道的道路，合理压缩车道宽度，全路渠化成进四出三的七车道非对称布置，在车道变换处可以渠化出导流带顺接，其导

流带上空闲路面正好可以设计成行人安全岛。图6-20表示的是非对称道路行人过街安全岛的设置方式。安全岛与错位式人行横道衔接,这样便于设置二次行人过街信号灯,每对信号灯都是专为每段人行横道专门设置的,行人过街不会误解信号。由于是单向设置,信号含义简单明了,容易与上下游路口进行信号绿波协调。这里要注意错位式人行横道的相互位置不能错,在逻辑关系上一定要让过街行人在安全岛内迎着来车方向走几步,以便及时发现对方。这一点对无行人信号灯控制的行人过街安全岛特别重要。如果方向反了,过街行人在安全岛内顺着来车方向走,行人无法及时发现过往车辆,人行横道就会变成事故层出不穷的黑点。

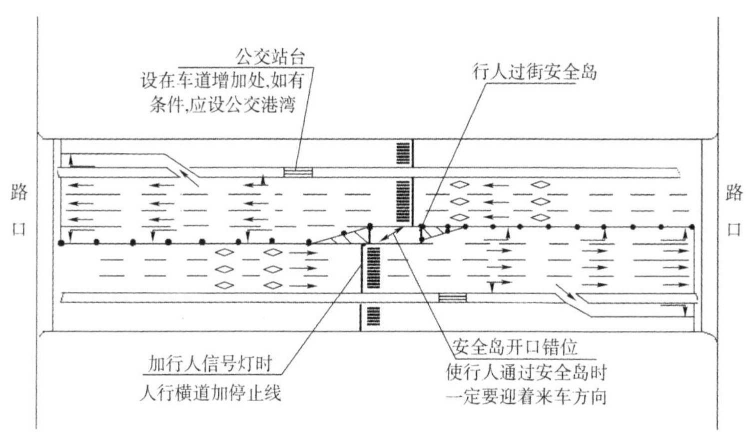

图6-20　安全岛的设置

b. 行人过街设施一般多与隔离设施配套使用。目前,我国公民还未真正养成自觉走人行横道、自觉遵守行人信号灯的习惯,须用一些带有强制性的设施去规范人的行为,因此,一些城市大量使用护栏一类的隔离设施,规范行人过街,从空间上减少路段上的冲突点,以此来弥补管理警力的不足。

c. 信号灯的配套使用。为确保行人安全,路段人行横道一般应配备信号灯。信号灯应该与附近的路口信号灯、人行道信号灯协动,提高车辆通行效率。

6.3 城市交通弱势群体交通事故伤害及对策研究

总结分析交通弱势群体交通事故伤害的特征与规律,有利于研究制定有针对性的预防对策,有效降低交通弱势群体的重伤或死亡率。

6.3.1 交通事故伤害分析

6.3.1.1 碰撞形态分析

随机选取2007—2011年北京市二环内198起涉及非机动车驾驶人受伤或死亡的交通事故,事故形态分布如图6-21所示,其中机动车左前侧或右前侧与非机动车接触的事故占总数的51%,机动车正前方与自行车接触的事故占34%,其他事故(如追尾、对向或同向剐蹭等)占15%。

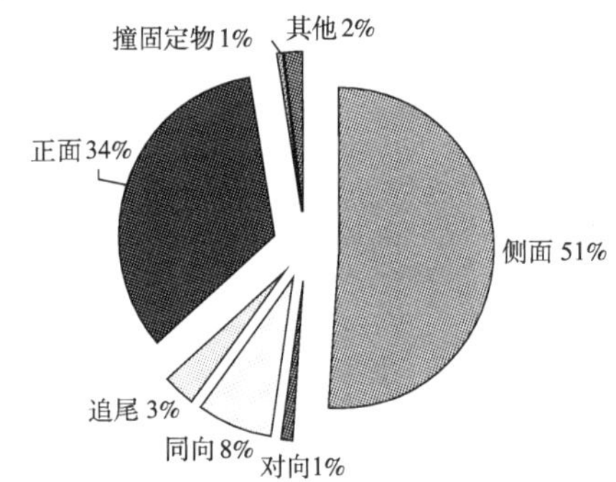

图6-21 北京市二环内非机动车驾驶人交通伤亡事故比例

城市道路上,自行车猛然左拐的现象非常普遍,造成机动车驾驶人猝不及防,此外,机动车右侧易形成视线盲区,这些都容易导致严重的机动车与非机动车交通事故。统计数据显示,侧面和正面碰撞事故多发,且侧面碰撞尤为突出,也印证了这一点。

6.3.1.2 伤害部位分析

图6-22反映了机动车在35km/h的速度下正面碰撞自行车的数据,可以看出,机动车碰撞对自行车驾驶人头部的损害明显大于

其他部位。

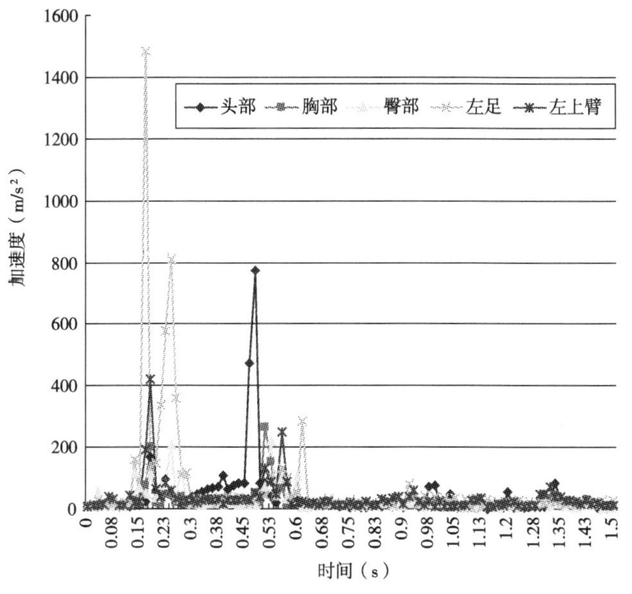

图 6-22　交通伤害部位分析

6.3.2　佩戴安全头盔对策研究

6.3.2.1　碰撞仿真

为深入了解侧面碰撞与正面碰撞这两类事故形态下的非机动驾驶人受伤害情况，本书建立了基于 PC - Crash 模拟仿真试验场，利用多刚体人体、自行车、小汽车模型，研究在不同角度、速度下，小汽车与自行车的碰撞结果，通过数据分析，研究非机动驾驶人受伤害的规律以及预防措施。PC—Crash 中的人体模型在不同的车速以及车辆发动机罩形状等碰撞条件下，模型计算结果与假人实验结果吻合得较好[78,79]。

1）实验方案

碰撞试验主要模拟自行车与小汽车的侧面碰撞与正面碰撞，其中，骑车人分为头部、躯干、骨盆、上肢、下肢、脚等 24 个刚体，自行车分为车把、前轮、后轮、车架、车座等 8 个刚体。各连接关节为铰链。

根据中国人实际人体参数,确定自行车与人体系统的质量为70kg,高度为80cm。参与碰撞的车辆型号为ALFAROMEO长头车,质量为1390kg,长4.2m,宽1.765m。图6-23为侧面碰撞与正面碰撞的截图。

实验主要选择方案与参数对应如表6-7所示。

方案参数　表6-7

方案	碰撞形态种类	机动车与自行车碰撞角度(°)	机动车行驶速度(km/h)	自行车行驶速度(km/h)
方案1	侧面碰撞	60	15	10
方案2	侧面碰撞	60	20	10
方案3	侧面碰撞	60	30	10
方案4	侧面碰撞	60	40	10
方案5	正面碰撞	90	15	10
方案6	正面碰撞	90	20	10
方案7	正面碰撞	90	30	10
方案8	正面碰撞	90	40	10

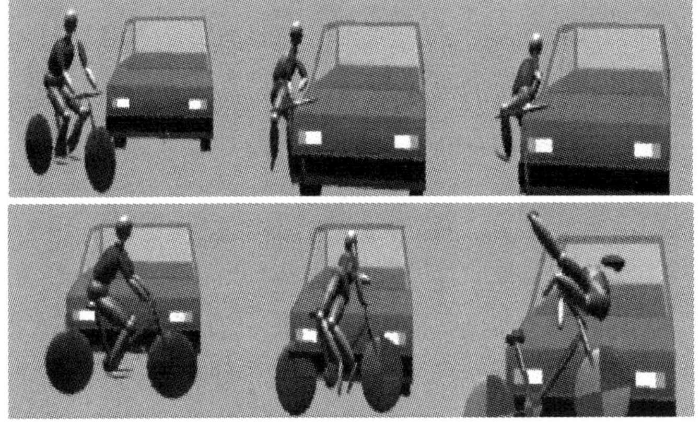

图6-23　侧面碰撞与正面碰撞

2)实验结果与数据分析

头部由于受到撞击而产生损伤的严重程度与许多因素有关,首先是撞击载荷的大小和作用时间,其次是碰撞时接触的面积以及碰撞物体的形状等。由于人体是多刚体模型,其中头部是一个圆球刚体，而汽车也是一个刚体，因此在头部与发动机罩、汽车风窗玻璃或者地面发生碰撞时，接触碰撞面积基本一致，因此在仿真实验中影响头部损伤程度的是载荷大小以及加速度持续时间。选择头部损伤判据 HIC（Head Injury Criterion）作为骑车人头部损伤程度的判断依据，计算公式为：

$$HIC = \max_{T_0 \leq t_1 \leq t_2 \leq T_\varepsilon} (t_2 - t_1)\left(\frac{1}{t_2 - t_1}\int_{t_1}^{t_2} a\mathrm{d}t\right)^{2.5} \tag{6-4}$$

式中：T_0、T_ε——使 HIC 达到最大值的起始时间和终止时间；

t_1、t_2——碰撞起始时刻和碰撞结束时刻；

a——头部合成加速度。

一般地，安全界限值为 $HIC = 1000$，取计算时间间隔为 15ms。将 27 次仿真实验得到的头部合成加速度采样数据用式(6-4)进行计算，得到每次仿真实验的人体头部 HIC 值，见表 6-8。

实验结果　　表 6-8

方　案	*HIC*	方　案	*HIC*
方案 1	175	方案 5	436
方案 2	207	方案 6	1007
方案 3	486	方案 7	1725
方案 4	973	方案 8	2874

6.3.2.2 非机动车安全头盔

当前，与大多数发展中国家以及发达国家 30 年前的状况一样，我国进入了道路交通事故高发期。2000 年来，全国每年因交通事故死亡人数超过 10 万，其中机动车与非机动车交通事故死亡人数占到了 30%。由于非机动车防护性、稳定性差，在与机动车发生事故后，非机动车驾驶人易受到严重伤害。欧盟 2001—2002 年的统计数据显示，骑自行车每公里旅程死亡危险性是乘坐小汽车者的 8 倍[79]。汽车厂商及研究人员致力于加强对机动车驾驶人及乘员的保护，并建立了对机动车驾驶人及乘员交通伤害的主动预防与被动预防体系。然而，在每年数十万起机动车与非机动车道路交通事故中,非机动车驾驶人往往成为最严重的交通伤害对象。

进一步研究发现,非机动车驾驶人死亡人员70%以上存有颅脑损伤,其中50%以上系颅脑损伤致死,据此推算,非机动车驾驶人佩戴安全头盔每年将可能挽救1.5万人的生命,使9万人免受交通事故伤害。世界卫生组织编制的《预防道路交通伤亡报告(2004)》指出:骑自行车的儿童如能戴安全头盔,发生碰撞时头部损伤的概率可下降63%,意识丧失的概率可下降86%,并明确建议实施非机动车驾驶人佩戴安全头盔的制度。

1)立法强制佩戴头盔

西方主要发达国家普遍制定法律,要求中小学生骑自行车时佩戴安全头盔,并提倡所有自行车驾驶人都佩戴安全头盔。1986年,美国加利福尼亚州通过了第一部关于自行车驾驶人必须佩戴安全头盔的法令,次年正式实施[80]。美国各州制定自行车安全头盔法令的情况如表6-9所示。

佩戴安全头盔的年龄要求 表6-9

地　名	驾驶自行车时须佩戴安全头盔的年龄要求	地　名	驾驶自行车时须佩戴安全头盔的年龄要求
亚拉巴马	<16岁	马里兰	<16岁
加利福尼亚	<18岁	马萨诸塞	<13岁
康涅狄格	<16岁	新泽西	<14岁
特拉华	<16岁	纽约	<14岁
哥伦比亚特区	<16岁	北卡罗莱纳	<16岁
佛罗里达	<16岁	俄勒冈	<16岁
佐治亚	<16岁	宾夕法尼亚	<12岁
夏威夷	<16岁	田纳西	<16岁
路易斯安那	<12岁	西弗吉尼亚	<15岁
缅因	<16岁		

《丹麦交通法》第81条规定"两轮摩托车和有挎斗的摩托车以及超过15岁的乘员都必须戴防护头盔。这也适用于机动自行

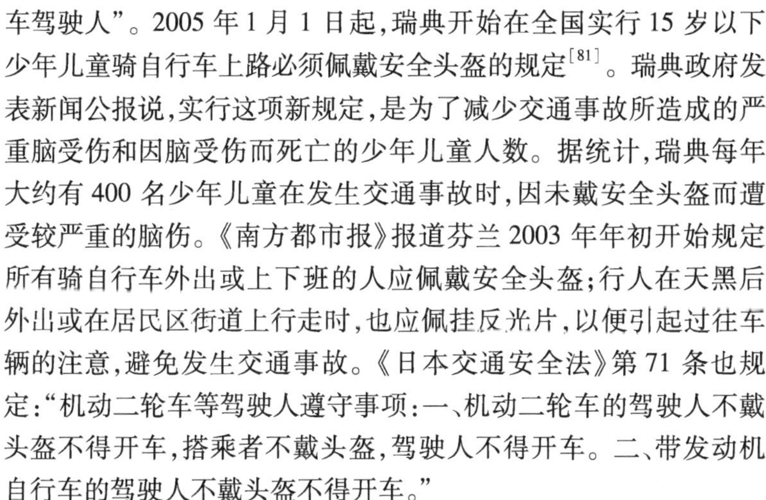

车驾驶人”。2005 年 1 月 1 日起，瑞典开始在全国实行 15 岁以下少年儿童骑自行车上路必须佩戴安全头盔的规定[81]。瑞典政府发表新闻公报说，实行这项新规定，是为了减少交通事故所造成的严重脑受伤和因脑受伤而死亡的少年儿童人数。据统计，瑞典每年大约有 400 名少年儿童在发生交通事故时，因未戴安全头盔而遭受较严重的脑伤。《南方都市报》报道芬兰 2003 年年初开始规定所有骑自行车外出或上下班的人应佩戴安全头盔；行人在天黑后外出或在居民区街道上行走时，也应佩挂反光片，以便引起过往车辆的注意，避免发生交通事故。《日本交通安全法》第 71 条也规定：“机动二轮车等驾驶人遵守事项：一、机动二轮车的驾驶人不戴头盔不得开车，搭乘者不戴头盔，驾驶人不得开车。二、带发动机自行车的驾驶人不戴头盔不得开车。”

2）循序渐进式推进

从 20 世纪 80 年代后期开始，一些国家和地区就开始制定骑自行车须佩戴安全头盔的法律。起初这一法律只针对某一特定年龄段，例如美国哥伦比亚地区和纽约分别于 1987 年和 1989 年立法规定 5 岁以下乘坐自行车的儿童须佩带安全头盔。进入 20 世纪 90 年代后，不再规定具体年龄段。在澳大利亚维多利亚州，1990 年就已经立法要求所有骑自行车的人都需佩戴安全头盔[82]。

提高安全头盔佩戴率有效降低了非机动车驾驶人交通事故伤亡率。在澳大利亚维多利亚州，人们通过统计发现，自行车驾驶人头部容易在交通事故中受伤，1990 年 7 月 1 日，关于骑自行车要佩戴安全头盔的法律在维多利亚州正式生效。此后，头盔佩戴率从原先估计的 31% 上升到 75%。在实施的第一年，骑自行车头部受伤的人数下降了 24%，因头部受伤而死亡或住院的人数下降了 51%；第二年，上述两个降幅分别为 28% 和 70%。

3）严格头盔生产标准

为发挥安全头盔的“安全”功能，需要为非机动车安全头盔生产制定非常严格的标准。其中，美国等发达国家安全头盔标准制定情况如表 6-10 所示。

安全头盔标准的分布　表6-10

国家(地区、组织)	标　准　名　称
美国	ANSI Z90.4、ASTM F1447、CPSC、Snell B－90S、Snell B－95
英国	BS 6863
欧洲	EN 1078、EN 1080
澳大利亚	AS/NZS 2063
加拿大	CSA－D113.2－M

头盔生产标准主要围绕三个方面:

(1)减缓冲击力、减小对头骨及脑部的减速度,这就需要对安全头盔填充合适的柔性材料;

(2)扩展对头部的冲击力,防止冲击力集中在头部的小块面积;

(3)防止头部与产生冲击的物体直接接触。

ANSI Z90.4 是由美国国家标准化委员会制定的最早的一部自行车安全头盔标准,是制定之后其他类似标准的基础。1994 年,美国儿童安全保护行动组织(CSPA)委托全美消费者产品安全委员会(CPSC)修改完善了强制性的自行车安全头盔标准。1998 年 CPSC 出版了最终的标准,并于第二年年初正式启用。目前,在美国销售的所有自行车安全头盔都必须符合此项标准要求,符合该标准的安全头盔都在醒目的位置贴有 CPSC 认证的标签。该标准的主要内容包括:

(1)冲撞保护性能要求:通过既定的性能测试,确定在碰撞或跌落过程中头盔能充分地保护头部。

(2)儿童头盔的特殊要求:对 1～5 岁的儿童头盔,要特别强化和扩大对头部的保护效能和面积。

(3)对下巴束缚带要求:通过既定的性能测试,确定下巴束缚带的约束力量,防止在碰撞中出现额外的皮带拉伤。

(4)头盔的稳定性要求:设计并制定头盔在受到冲击或跌落过程中保持稳定性程度的测试方法、程序和具体要求。

(5)视野范围要求:即带上头盔后,驾驶人的净视野不得小于 105°。

4)电动自行车安全与佩戴头盔

2006年年初,北京电动自行车限制正式取消,电动自行车数量急剧上升,截至2008年4月,电动自行车登记注册数已达15万辆,当时中国人保财险北京分公司为电动自行车设立第三者责任险,内部预测实际在用量达40万辆之多。2013年"中国电动自行车产业创新高峰论坛"数据显示,中国电动自行车保有量突破2亿辆。据北京市官方统计,2011年全市电动自行车保有量达到869639辆,东城、西城、朝阳是各区县中拥有电动自行车最多的区域,由于电动自行车不上牌照问题突出,预计北京市的电动自行车数量要远远高于87万辆(详见附录1)。

由于电动自行车、残疾人专用车行驶速度快,属于"高速"非机动车,同时又存在稳定性差、自我保护性能差等问题,容易发生穿插、猛拐等违法行为,存在发生事故的隐患。残疾人专用车机动性能好,不少正常人也以此为代步工具,少数人甚至利用其从事非法营运活动,为了抢拉生意,经常出现超速、占用机动车道等违法行为。北京城市面积大、交通拥堵严重、限制摩托车发展等客观因素,促进了电动自行车的快速增长。此外,电动自行车使用频率高、单程出行距离远等特点,也增加了发生事故的风险。

强制规定所有自行车驾驶人佩戴安全头盔,显然不符合当前我国实际情况。但国外发达国家的经验表明,包括非机动车驾驶人佩戴安全头盔的规定出台时机取决于社会整体交通安全意识水平。针对我国非机动车驾驶人交通伤害严重、非机动车数量与类型多、机非混行严重、交通参与者安全意识普遍较差、急救机制不够完善等情况,非机动车驾驶人佩戴安全头盔的规定宜早日出台。因此,应当加大对非机动车驾驶人佩戴安全头盔的宣传教育力度,促进社会整体交通安全意识的提高,并联合学校、有关社会团体、公益组织积极开展各种形式的"佩戴头盔、珍惜生命"的宣教活动。

强制规定所有电动自行车、残疾人专用车驾驶人佩戴安全头盔的现实意义主要表现在:

(1)增强对非机动车交通安全严峻形势的认识,尤其要强化佩戴安全头盔驾驶非机动车的观念，提高非机动车驾驶人安全头盔佩戴率，切切实实降低事故死亡率。

(2)为未来在中小学生、老年非机动车驾驶人中推行佩戴安全头盔规定创造条件。

(3)有利于强化对电动自行车和残疾人专用车的管理。

(4)促进非机动车安全头盔的研发工作，制定非机动车驾驶人安全头盔设计标准。

(5)制定强制电动自行车、残疾人专用车驾驶人佩戴安全头盔的规定，需要对具体事故案例及社会大众心理进行广泛深入的调查分析，这个过程本身就是一种经验的积累和对现有安全政策的反思。从大量微观调查入手到提出宏观道路交通安全政策及立法建议的方式(而不是仅仅从一些既有的不准确的统计数据入手，长久反复运用同样的经验措施解决问题)，更具有说服力和针对性，应当是未来制定或完善道路交通法规和交通安全政策的重要途径。

对电动自行车、残疾人专用车驾驶人实行佩戴安全头盔的制度还需要强化落实执行，提高民众支持率。

(1)无法执行的问题。《道路交通安全法》是一部促进道路安全的法律，是人们安全出行的行为指南，可有效规范人们日常的交通行为。事实上，道路交通安全法规中很多条款都属于倡导性规定，比如未满12岁儿童不能上路骑自行车、未满16岁人员不得骑电动自行车等。

(2)大众心理问题。曾有研究者就电动自行车、残疾人专用车驾驶人是否应该佩戴安全头盔的问题对50名教师、公司职员、专家教授等不同职业人员进行了简单的问询调查，绝大多数人对此表示理解和支持，很多人还引用在国外学习、工作的经历，认为自行车驾驶人佩戴安全头盔应该提上议事日程。如果能扩大事故信息的公开范围，加大宣传力度，民众的支持率将会更高。

2000年，针对一些反对非机动车驾驶人佩戴安全头盔的观点，英国学者 Frederick P Rivara 在《英国医学杂志》上发表了一篇文

章[83],文章以可靠的数字和事实证明了正如其标题所描述的—"Bicycle helmets: it's time to use them"(该是佩戴自行车头盔的时候了)。

6.4 本章小结

本章围绕城市交通弱势群体过街安全设计、头颅保护等技术层面,分别从主动安全和被动安全两个方面研究了城市交通弱势群体交通风险的微观干预措施。在交叉安全设计方面,研究了设计原则、冲突分析和典型措施;在路段过街设计方面,研究了安全隔离规范、优化设计;最后,通过分析城市交通弱势群体交通事故伤害的特征,研究实施佩戴安全头盔规定的对策与方法。

7 城市交通弱势群体事故风险宏观干预措施研究

近年来，随着人们生活水平日益提高，机动车保有量激增，道路交通事故数量直线攀升，道路交通事故已经成为一个社会问题。遵守交通法规，减少交通事故发生，是每一个公民不可推卸的社会责任。交通事故发生致因的多样性，决定了研究预防交通事故发生规律的复杂性。从交通事故机动车损害赔偿责任的构成要素也可以看出，交通事故预防相关研究涉及法学、力学、汽车工程学、道路工程学等多个学科。在一些国家，设有专门的交通事故学，该学科是一门文理相交、跨多种学科门类的综合学科。笔者以为，交通事故学最重要的部分是法学知识。交通事故发生后，对交通事故现场进行勘查，对事故当事人责任进行认定，对损害赔偿部分进行调解、裁判，都需要以法律法规为依据。法律本身就包含有预防事故的内容，而且，容易引发事故的问题，也需要运用法律的手段进行调整、规制。2005 年，9 项涉及汽车安全的国家标准出台，其中 6 项是对现行有关标准的修改，3 项为新制定的标准，填补“被动安全”的空白[84]。2011 年 5 月 1 日《中华人民共和国刑法修正案（八）》正式实施，加大了对醉酒驾车的处罚力度，产生极大的震慑力，从表 7-1 可以看出北京市 2011 年查处酒后驾车事件数量比 2010 年减少将近一半，醉酒拘留的人数也减少了将近一半，效果非常显著。

法律法规的制定、修订缘于人们对客观规律认识程度的加深，而这种认识的工具，正是各个领域的相关科学研究。研究交通事

故,制定预防交通事故的法规、标准也是如此。当然,预防交通事故并非一定要借助法律的手段,有时候,增加一个红绿灯、标志牌、护栏或防撞桶,就解决了某地段事故多发的问题。

醉驾入刑后涉酒行政处罚情况比较 表7-1

酒后驾车(起)			醉酒拘留情况(人)		
2011年	2010年	同比增长率	2011年	2010年	同比增长率
24112	45162	-47%	1861	3226	-42.3%

注:数据来源于北京市公安局公安交通管理局。

由于分工不同,最初了解事故发生规律的人不一定具有综合分析事故的能力,也不是制定法律法规的直接参与者。所以,处理事故的人员、具备事故预防专业知识的人员和制定法律的直接参与人之间,必须要有畅通的沟通渠道。从事以上工作,具有社会责任感是首要方面,除此之外,必要的知识培训、基层调研及座谈交流都是不可或缺的。否则,一些事故多发的原因被发现了,某些点段被治理了,但同样原因导致的交通事故在其他道路上依旧重复发生,有时候,一些隐性的致因无从被发现,造成"治标不治本"。事实上,任何法理的研究或法律法规的制定,都是为了促进实践的进步。如何减少交通事故的发生,如何保障受害人得到充分及时的救济,如何使已有的事故责任认定更为公平,就是机动车损害赔偿责任问题研究的目的。

7.1 法律制度设计与城市交通弱势群体事故预防

面对频频发生的道路交通事故,制定侵权法、道路交通安全法规,以及运用上述法规处理交通事故,都应当将事故预防作为重要的出发点。有效率的侵权法律制度,应当是寻求在一定的社会资源条件约束下,最大限度地减少损害发生,从而最大限度地减少社会资源的浪费。

7.1.1 道路交通安全法规与事故预防

交通法规是管理道路交通参与者的依据,过去一直提倡从严管理,未提及从“细”管理,所谓“细”,是指细微地分析交通事故致因、周到细致地保护人民群众生命财产安全。要做到从“细”管理,首先必须有“细”的意识,有一部“细”的交通法规。德国的交通法规就非常详尽、严密,德国规范道路交通秩序的法规主要包括[85]《道路交通法规》、《道路交通许可法规》和《刑法法典》,这三个法规有各自明确的适用范围,规范了交通管理部门的执法尺度和透明度,规定了执法者和违章者的权利和义务。例如,《道路交通法规》对不同车速的行车间距有严格、细化的规定,车速在 80 ~ 130km/h 与车速超过 130km/h 规定各不相同。以车速 100km/h 为例,如果与前车间距少于 25m,将被罚款 40 欧元并扣 1 分;如果间距少于 20m,将被罚款 50 欧元并扣 2 分;间距少于 15m,将被罚款 75 欧元并扣 3 分;间距不到 10m,将被处罚 100 欧元并扣 4 分。车速达到 130km/h 以上时,如果不能与前车保持一定间距,处罚也将更加严厉。在德国,违章扣分累计超过 8 分就会收到警告通知,并须参加驾驶人补习班。在澳大利亚维多利亚州[86],人们通过统计发现,自行车驾驶人头部容易在交通事故中受伤,1990 年 7 月 1 日,关于自行车驾驶人要佩戴头盔的相关法规在维多利亚州正式生效,此后,头盔佩戴率大幅提升,有效降低了事故伤亡率。这些科学、细致的交通法规为有效的道路交通管理提供了依据。为避免行政管理涉及经济利益的嫌疑,完全可以通过中立的交通事故预防组织进行调查和提出立法建议。

马克思主义法学认为,法的内容是由物质生活条件决定的,是受客观规律制约的。在不同时期,由于生产力水平、文明发展程度、社会公众意识存在差异,法律所彰显的社会正义与公平也是不一样的。随着社会经济的发展,我国已进入道路交通事故高发期。1986—2002 年间,交通事故死亡人数年均增长 5%,已逾 10 万人/年。道路交通事故事实上早已成为造成我国人民非正常死亡、伤残的主要原因之一,依法加强道路交通安全管理刻不容缓[87]。《道路交通安全法》第 1 条对其立法目的作了明确阐述:预防和减少道路交通事故。侵权法的归责原则在整个侵权法中居于核心地位[88],

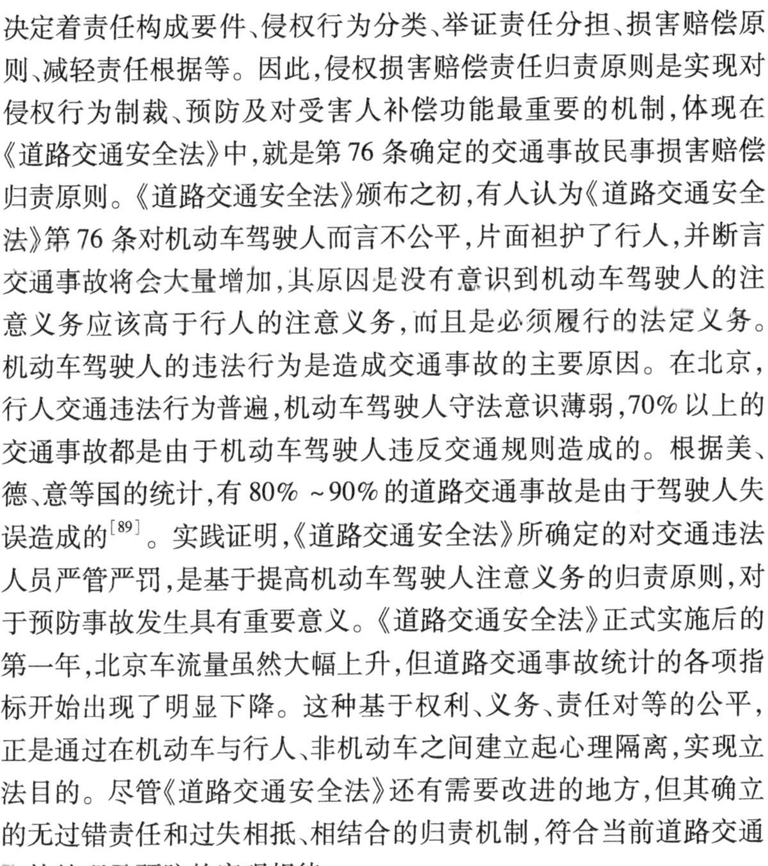

决定着责任构成要件、侵权行为分类、举证责任分担、损害赔偿原则、减轻责任根据等。因此,侵权损害赔偿责任归责原则是实现对侵权行为制裁、预防及对受害人补偿功能最重要的机制,体现在《道路交通安全法》中,就是第76条确定的交通事故民事损害赔偿归责原则。《道路交通安全法》颁布之初,有人认为《道路交通安全法》第76条对机动车驾驶人而言不公平,片面袒护了行人,并断言交通事故将会大量增加,其原因是没有意识到机动车驾驶人的注意义务应该高于行人的注意义务,而且是必须履行的法定义务。机动车驾驶人的违法行为是造成交通事故的主要原因。在北京,行人交通违法行为普遍,机动车驾驶人守法意识薄弱,70%以上的交通事故都是由于机动车驾驶人违反交通规则造成的。根据美、德、意等国的统计,有80%~90%的道路交通事故是由于驾驶人失误造成的[89]。实践证明,《道路交通安全法》所确定的对交通违法人员严管严罚,是基于提高机动车驾驶人注意义务的归责原则,对于预防事故发生具有重要意义。《道路交通安全法》正式实施后的第一年,北京车流量虽然大幅上升,但道路交通事故统计的各项指标开始出现了明显下降。这种基于权利、义务、责任对等的公平,正是通过在机动车与行人、非机动车之间建立起心理隔离,实现立法目的。尽管《道路交通安全法》还有需要改进的地方,但其确立的无过错责任和过失相抵、相结合的归责机制,符合当前道路交通事故处理及预防的客观规律。

《道路交通安全法》刚实施不久,新浪网和新华网针对道路交通安全开展了一次网上调查,向驾驶人提出一个问题:"通过没有红绿灯的路口时,您会怎么做?"半数以上的驾驶者选择了"放慢速度,让行人优先安全通过";当问及"作为行人,在没有红绿灯的情况下过马路,您会怎么做?"时,有近50%的网友选择了"放慢速度,让机动车先通过",选择"抢在车前面通过"的行人有10%。显然,为了减少交通事故,有必要在机动车与行人之间建立一种均衡或者说一种心理隔离,但这种均衡和隔离应该符合正义公平的要求。日本、美国等发达国家以及香港特别行政区、台湾地区交通法规中的通行规则都非常注重保护交通弱势群体的通行权益。《日本通行规则》规定:“车辆等在接近并要通过人行横道及自行车道时,除了确定没有横穿的行人和自行车外,必须以随时可以在人行横道等前面停车的速度行驶。遇有横穿的行人,须在人行横道线前暂停并不得妨碍行人的通行”。《台湾地区道路交通规则(1996 年版)》第 103 条规定:“汽车行近未设行车管制号志之行人穿越道前,应减速慢行。汽车行经行人穿越道,遇有行人穿越时,无论有无交通指挥人员指挥或号志指示,均应暂停,让行人先行通过。汽车行经未划设行人穿越道之交叉路口,遇有行人穿越道路时,无论有无交通指挥人员指挥或号志指示,均应暂停,让行人先行通过。”相比之下,我国道路交通法规中的通行规则对行人、非机动车驾驶人的保护力度还需要进一步加大。虽然《道路交通安全法实施条例》第 70 条规定“驾驶自行车、电动自行车、三轮车在路段上横过机动车道,应当下车推行,有人行横道或者行人过街设施的,应当从人行横道或者行人过街设施通过;没有人行横道、没有行人过街设施或者不便使用行人过街设施的,在确认安全后直行通过”。但对于骑行横过路段、路口的非机动车,依然需要考虑对其适当照顾,这也符合推行城市道路“绿色出行”的需要。为了方便非机动车出行,建议对于双向超过 6 条车道、非机动车道足够宽的道路,允许非机动车逆行,但没有优先通行权。另外,《日本通行规则》规定,将骑或推行机动二轮自行车,骑普通二轮、三轮自行车的人(包括旁边牵引或附带其他车的这类车)视为行人,对此,我国的通行规则也需要进一步明确。

7.1.2 城市道路交通管理执法实践与事故预防

7.1.2.1 道路交通安全违法处罚

法经济学理论[90]的基本要求是如何以最低的社会成本避免损害的发生,从结论上说,损害的费用要由能以最低成本回避损害的活动者承担。其基本分析方法是在补偿某种社会活动造成的损害时,要分析参与活动的关系人,找出能以最低成本回避损害发生者,来承担该损害的费用,以促使这个损害的“最廉价费用回避者”积极采取预防措施,达到最大限度地抑制事故发生的目的。机动车损害赔偿责任的主体是机动车保有人,道理很简单,造成损害的人,掌握危险物的人承担损害赔偿是最经济的选择,最符合法经济学的理论。因此,加强对机动车驾驶人的宣传、管理,提高他们履行注意义务的自觉性,是减少交通事故的最佳方案。目前行人、非机动车交通违法行为比较普遍,从确保畅通的角度讲,投入较大力量对行人、非机动车驾驶人进行宣传、管理毋庸置疑,但从预防交通事故的角度看,对行人、非机动车“宜疏不宜堵”。笔者以为,应该抓住行人、非机动车驾驶人心理,积极修建、完善过街设施、隔离设施,减少事故的发生。

7.1.2.2 道路交通事故处理

交通事故侵权不同于一般的侵权案件,从一开始警察就可能介入调查取证。这样的处理方式,除了技术原因之外,一方面交通事故肇事人可能严重违反交通法规,危害公共安全,警方直接介入调查取证,有利于对严重违反交通法规的行为进行严厉打击;另一方面,交通事故中受害者往往身体受到伤害,甚至死亡,警方能及时有效地收集证据,有利于保护受害人的合法权益。由此,警方收集的证据不仅仅用于追查责任人的行政责任、刑事责任,对于损害赔偿调解,乃至民事赔偿诉讼都具有重要意义,可能直接关系到受害人得到赔偿救济的程度。笔者曾经遇到过这样一起事故:一名骑车人被道路边沿的施工电缆绊倒了,骑车人与电缆使用人发生了激烈争论。民警赶到后,由于《道路交通安全法》刚刚实施,在拿不准这起事故是否属于交通事故的情况下,民警还是认真地进行了调查取证工作。现在大家都清楚这属于交通事故。事实上,无论是否属于交通事故,是否在道路外,调查取证、查清事实是交通民警的首要职责,也是进行后续工作的基础。

预防事故首要是发现交通事故的致因。系统论认为,现实世界实际上是由各个系统组成的,一个问题的产生往往不是孤立的,而是系统内某部分出现问题,产生相互作用的结果。道路交通系统是一个处于复杂环境中高速运动的人机系统,系统中的因素(人、车、路、环境)由于自身特点和相互作用,会产生失误或障碍,从而导致人的不安全行为和物(车、路、环境)的不安全状态。人的不安全行为和物的不安全行为状态的相互结合,引发人机匹配失衡,从而导致交通事故的发生。

1)发现事故致因的途径

其实,导致交通事故发生的原因存于每一个事故案例之中,有些不太明显,有些是由于道路或设施设计不合理造成的,单个事故发生的"原因责任"往往被转嫁到交通参与者交通违法行为上,只有通过统计数据的积累、统计方法的运用,才能找出背后潜在的真实原因。实践中,道路交通管理部门经常通过对某段路在 1 年或 2 年的时间段内发生的事故数进行统计,确定"事故黑点",进行专门的治理改造。八达岭高速55 ~ 50km段开通后不到 5 年就发生重大交通事故 170 起,死亡 40 余人,被公安部、国家安全监督管理总局列为重点督办的"事故黑点"。在采取修建紧急避险车道、加设标志牌、加派警力等措施后,事故量明显下降,成了一条安全大道。

2)不能忽略可能加重事故损害的致因

有些车辆、道路、设施存在缺陷,本身可能不会引发事故,但却能加重事故的损害程度,比如一些公共汽车的靠背,采用硬塑料甚至金属材料制造,没有装备相应的缓冲软垫,在车辆紧急制动或发生碰撞的时候,乘客头部损伤的概率很大。在汽车安全工程学领域,有主动预防和被动预防的理念,把这种理念进行放大,可以提高道路、交通安全设施、车辆的"违法容忍度"。设计道路、设置安全设施时,充分考虑机动车驾驶人可能的违法行为,使之在轻度的交通违法情形下,不致发生交通事故,或即使发生事故,最大限度地降低伤亡率。

3)预防道路交通事故需要各方的共同努力

预防道路交通事故需要致力于发现事故原因的组织,以及事故处理民警、事故案件审理法官、所有普通公民的努力。近年来,各地道路交通管理部门都成立了专门的事故预防机构。北京市公安局公安交通管理局在2004年成立了交通事故预防办公室。但是,道路交通事故预防涉及面广、学科多、专业性强,需要政府、专家、企业的共同参与。美国1930年成立了以改善道路交通状况为宗旨的美国交通工程师学会,大力兴建服务于科学交通管理的交通安全设施。日本于1961年成立了以普及国民安全教育、防治交通事故为宗旨的财团法人——全日本交通安全协会[94]。我国可以在已成立的交通安全委员会的基础上,增加专业研究力量,强化预防交通事故职能,由单一的交通安全宣传,升级为多元化的事故预防。事故处理及事故案件的审判工作是发现交通事故原因的第一途径,这就需要从事相关工作的民警和法官具有较强的交通事故预防意识和社会责任感,能够及时地发现问题、反映问题。交通事故的预防更需要全体公民的努力,每一位公民都可能参与道路交通活动,都有义务遵守交通法规,确保安全、文明出行。

在识别了发生交通事故的原因之后,如果制定并落实针对性的、细致的措施,交通事故是可以消除的。这些细致的措施必须有两个效果:一是排除系统内部各种物质中存在的危险因素,消除物的不安全状态;二是加强对人的管理、教育,从生理、心理、操作上控制人的不安全状态[95]。除了由于不可抗力因素导致的交通灾害外,包含主观过失的交通事故是可以努力减少并最终消除的。1997年以来,瑞典推动了一个新的交通理念——零交通事故观念。零交通事故观念之父——瑞典交通部门道路安全局长克拉斯·廷瓦尔说:“我们已经不能接受一个仅仅由于犯了驾驶错误就要用死亡和终身痛苦来惩罚我们的交通系统。”[96]经过8年的不懈努力后,瑞典一年内每10万人中只有6人死于道路交通事故,在欧洲死亡人数最少。预防交通事故工作需要努力地寻找事故发生的原因,以减少事故为最主要目的,而机动车损害赔偿责任认定以充分有效地救济受害人为最主要目的。这两种目的的差异来源于人们认知程度的限制,显然,发现并确认每一起交通事故发生的原因、存有的过失,以及过失的主体并不现实,也不一定对救济受害人有帮助,如果利用保险制度分散这种社会风险,会更加有效。

近年来，为规范事故责任认定工作，减少人为主观因素影响，各地纷纷制定事故认定规则。科学的事故认定规则是正确分析事故发生原因、厘清事故责任的标准和依据。北京目前实施的道路交通事故认定规则改变了过去以违反路权、安全原则进行违法行为分类和确定事故当事人责任的依据，而是将违法行为分为A、B类。其中，A类行为是严重过错行为，是导致发生事故的原因，其在交通事故中起主要作用；B类行为为一般过错行为，是促成事故发生的条件，其在交通事故中起次要作用。江苏省制定的事故认定规则认为，发生交通事故(单方事故除外)一般都是一方或双方违反交通规则，存在不同程度的危险，遇到危险采取避让措施，避让成功就避免了交通事故，如果避让失败就发生了交通事故。这个规律说明交通事故实际上是交通过错行为与避让失败结合的产物。因此，评判当事人行为造成交通事故的作用和过错的严重程度，需要紧密联系对方能否成功避让来加以考察，即评判交通过错行为造成交通事故的作用大小，应当以过错行为造成的危险性和对方能够避让的可能性作为依据。交通过错行为的危险性越大，对方避让的可能性就越小，其造成交通事故的作用就越大；反之，交通过错行为的危险性越小，对方避让的可能性就越大，其造成交通事故的作用就越小。因此，江苏省的事故认定规则，用交通违法行为造成的危险性和对方避让的可能性，作为评判交通违法行为造成交通事故和过错严重程度的标准，进而将交通过错行为分为主动型、被动型、缺失型三类。其中，主动型行为特征是与对方临近时突然改变运动状态，或者主动迅速地逼近对方。

综合各地的事故认定规则，在机动车驾驶人与行人、非机动车驾驶人所负注意义务的内容和程度不同方面仍有不足，保护交通弱势群体力度不够，另外，对于路况、环境要素的考虑不足，甚至没有考虑。于敏研究员所著《机动车损害赔偿责任与过失相抵——法律公平的本质及实现过程》一书中介绍的日本“过失相抵量化分析”给了我们启发，日本的“过失相抵量化分析”源于法院判例，并且直接针对道路交通事故民事损害赔偿，涉及因素较多，值得参考借鉴。其特点主要有：一是充分考虑了路况、环境要素的影响，例如，驾驶机动车经过步行者横过道路或步行的场所，预测步行者通过、横过频繁的场所使过失相抵率发生变化的情况，在工厂、政府机关、街道等场所，上下班出入的时刻等，对过失相抵率进行修正，提高对机动车驾驶人注意义务的要求。二是实现过失相抵率标准化、科学化。日本东京地方法院民事第27部(交通部)法官研究整理判例编辑了《民事交通诉讼中过失相抵率的认定标准》(判例TIMES)、日本律师联合会交通事故咨询援助中心独立编辑了《交通事故损害赔偿额算定基准》(蓝本)以及与东京三律师会交通事故处理委员会共同编辑了《民事交通事故诉讼损害赔偿算定标准》(赤本)。这些比率要经常根据法院做出的新判例进行修改，基本上是一两年修改一次。这些改变，说明道路交通设施和机动车的改进，对交通法规的内容更新起着决定性的作用，交通法规正是以科学技术的发展为依据的。三是图文并茂，表达明确，责任量化，概括了绝大多数交通事故发生类型。《机动车损害赔偿责任与过失相抵——法律公平的本质及实现过程》一书共介绍了28种事故形态下226个图文搭配的过失相抵率加减算法规则。例如，对于后退车引发的事故分成两种情形[97]：

(1)行人紧靠机动车后面横过的场合如表7-2所示。

行人紧靠机动车后面横过引发的后退车事故　　表7-2

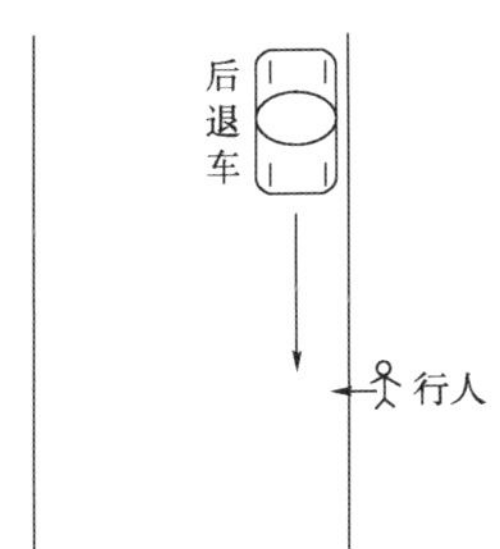

续上表

基本值		20
修正要素及取值	夜间	+5
	划分机动车道与人行道	+5
	鸣笛	+10
	住宅或商业街	-10
	幼儿	-10~20
	车辆驾驶人有显著过失	-10
	车辆驾驶人有重大过失	-20

(2)上述场合之外的其他场合如表7-3所示。

其他后退车事故 表7-3

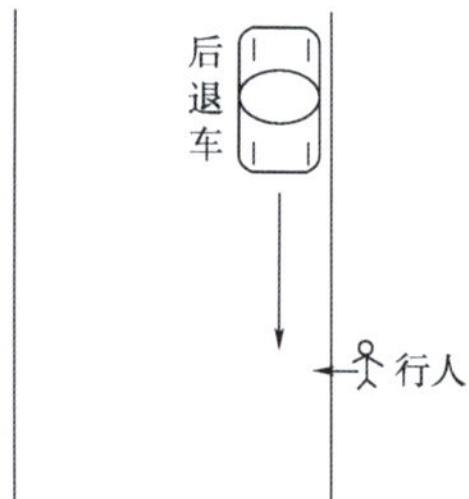

基本值		5
修正要素及取值	划分机动车道与人行道	+10
	鸣笛	+10
	住宅或商业街	-5
	幼儿	-10
	后退开始前位于后方	-10
	车辆驾驶人有显著过失	-10
	车辆驾驶人有重大过失	-20

由于日本的交通法规规定非常细致,因此在路况、环境要素的调节中,也必须考虑动态因素自身(如儿童、老人或行人集体横过街道的情形)导致注意义务要求发生变化的情况。面对如此复杂的情形和众多的因素,研究人员也许会产生畏难情绪,但真正难做的只是第一步,就是制定类似过错相抵量化分析的各类表格,之后按照事故类别制定数据索引,就能顺利简化应用问题。

7.2 交通安全宣传教育

7.2.1 宣传教育主体

交通安全宣传教育的主体不能仅仅停留在交管部门或其他政府部门,社会团体、志愿者组织、企业也应当积极参与交通安全宣传教育工作,主管部门通过追踪受训对象的事故增减情况考核交通安全宣传教育的效果。

机动车驾驶人初学、满 12 分驾驶人培训、道路客货运输驾驶人的培训教育甚至可以通过市场化运作模式,吸引企业加入,并通过市场竞争涌现出高水平的培训机构,研发培训游戏、课件、装备,不断提升培训水平,同时解放警力,减少财政投入。例如,成立以生产、销售自行车及配套产品的企业为参与主体的自行车协会,引导他们承担组织富有意趣的自行车赛事活动,开展交通安全宣传教育和自行车交通安全研究,为自行车驾驶人在法律、行政管理方面争取更多权益。

7.2.2 宣传教育的对象

目前在我国,只有机动车驾驶人能接受到包含交通法规、交通文明、险情预防知识在内的专业、系统的交通安全宣传教育。各国的交通安全管理经验表明,交通安全宣传教育必须全民参与,必须从娃娃抓起,他们本身是道路交通参与者,也是未来的机动车驾驶人。美国在 1928 年就开始在小学实行学校交通安全教育。日本在20世纪50年代中期以后交通事故数量不断上升,为应对这种趋势,日本专门成立了全日本交通安全协会。1961年1月,全日本交通安全协会在东京召开第一次交通安全国民总动员运动中央大会,当时的皇太子、内阁总理大臣都列席了会议。之后,日本建立了安全驾驶管理员制度(每5辆车就配备1名安全驾驶管理员)、交通巡视员制度(纠正交通违章、保护行人和进行小学、幼儿园交通安全指导的非交通警察人员)以及一系列的交通安全制度。1959—1985年的26年中,尽管日本机动车增加了20倍,但交通死亡人数却呈下降趋势[91],目前每年交通事故死亡人数为9000人以下,约为1970年的一半[92]。

7.2.3 宣传教育的内容和形式

交通安全宣传教育显然不能局限于交通法规知识的传播,更不能流于形式,宣传应广泛周知,教育应以理服人。应当摒弃"一张桌子、一张嘴,红灯停、绿灯走"的纯法条式教育,讲理、说例、示范、试验、游戏应成为新的宣传教育形式。香港特别行政区的教育方法非常实际,重在说理和实际操作[93]。说理式教育对于交通参与者懂法然后自觉守法很有必要,比如法规禁止骑自行车通过路口,应当下车推行通过路口,很多人都不明白法律为什么这么规定,自然也无法自觉遵守法规。事实上,交通法规不仅考虑了骑自行车容易出现穿插猛拐的现象,发生事故后可能造成严重后果,而且也考虑了自行车稳定性差的一些特性。骑车通过路口容易发生危险,除此之外,骑自行车横过机动车道(即便走人行横道也不受保护)一旦发生事故将承担事故责任,所获得赔偿也将大打折扣。这些道理讲清楚以后,相信会对骑车人有所触动。

交通安全宣传教育的内容和形式要充分吸纳交通安全研究成果,随着教育培训对象的不同而变化。例如,交通安全研究发现,夜间经常性骑自行车出行人员是自行车事故中最主要的受害者,且事故中机动车驾驶人多表示事故前没有及时发现前方有自行车。结合这项研究结论,交通安全宣传人员应该将超市工作人员、

上晚自习的中学生作为宣传教育主体，分析典型事故案例，提示事故险情，并发放反光贴膜，告知他们粘贴部位，便于机动车驾驶人及时发现自行车，从而预防此类事故发生。

7.3 本章小结

本章从制度设计与侵权责任追究的角度，研究了宏观层面上如何减少城市道路交通事故风险。在制度设计部分，本章主要研究了立法与执法对于事故预防的作用，指出随着社会经济的发展，立法应该与时俱进，既要符合道路交通发展的规律，也要契合广大交通参与者的交通心理。最后，重点研究了事故当事人责任归责的相关问题。

8　城市道路自行车交通系统建设与管理——以北京市为例

为了更好地指导“十二五”时期交通发展，认真落实国务院批复的《北京城市总体规划（2004—2020 年）》，加快推进《北京交通发展纲要（2004—2020 年）》和《北京市建设人文交通、科技交通、绿色交通行动计划（2009—2015 年）》各项目标的完成，在《北京市“十二五”时期交通发展建设规划》中明确指出：“着力推进绿色交通体系建设，改善步行、自行车设施条件，提高出行安全、便捷、舒适程度，鼓励步行、自行车出行。重点排查并完善中心城及功能区的行人步道和自行车道系统，建设完善一批立体人行过街设施；在 CBD 等重点地区、重点大街和历史文化保护区建设一批自行车、步行示范区；在主要公交车站、轨道站点及客流集中地区设置自行车停车设施；依托轨道交通站点和公交枢纽，推进公共自行车租赁系统建设，设置 1000 个左右自行车租赁点，形成 5 万辆以上租赁自行车规模；推进无障碍交通设施与服务体系建设，基本建成中心城无障碍交通出行网络”。

本章研究结论可以作为优化北京市城市道路自行车交通系统规划的参考依据，对提高自行车出行者的安全、便捷、舒适程度，推进公共自行车租赁系统与其他公共交通换乘系统的建设，提出电动自行车与普通自行车交通系统的和谐出行新建议，改善北京市城市交通出行结构并有效缓解交通拥堵问题，具有积极的现实意义。

通过文献阅读、实地调研以及问卷调查，笔者了解北京市城市

道路自行车交通出行情况及存在的问题，并结合北京市出台的相关交通发展政策、问卷调查结果的定性定量分析以及对我国最早的家庭自行车比赛的创办者杨桂林先生的采访，提出了北京市城市道路自行车交通系统的规划建设、停车设施、安全措施、公共自行车租赁服务以及电动自行车管理等策略。

8.1　北京市城市道路自行车交通系统现状与问题调查

8.1.1　北京市城市道路自行车交通系统现状

交通管理部门统计数据显示，截至 2008 年年底，北京市电动自行车保有量达 65.8 万辆，占非机动车总数的 43.8%，具体情况如表 8-1 所示。

北京市非机动车保有量（单位：辆）　　表 8-1

年　份	范　围	自行车	其　他	合　计
2003	全市合计	4048392	892906	4941298
	城区、近郊区	3410618	770115	4180733
	远郊区	637774	122791	760565
2004	全市合计	4132063	913834	5045897
	城区、近郊区	3477057	781307	4258364
	远郊区	655006	132527	787533
2005	全市合计	4132063	925473	5057536
	城区、近郊区	3477057	786269	4263326
	远郊区	655006	139204	794210
2006	全市合计	4132063	1165435	5297498
	城区、近郊区	3485603	951032	4436635
	远郊区	646460	214403	860863
2007	全市合计	4613307	867863	5481170
	城区、近郊区	3811631	729307	4540938
	远郊区	801676	138556	940232

续上表

年 份	范 围	自行车	其 他	合 计
2008	全市合计	658261	845393	1503654
	城区、近郊区	429348	725188	1154536
	远郊区	228913	120205	349118

注:1. 2003—2006 年自行车一栏仅为普通自行车数量;2007 年自行车一栏包括普通自行车和电动自行车数量;2008 年因普通自行车已取消上牌,自行车一栏中仅为电动自行车数量,其他车辆中也不再包括兽力车。

2. 数据来源于北京市交通管理局。

交通管理部门统计数据显示,截至 2010 年年底,北京市城市居民自行车交通出行呈明显下降趋势,2010 年自行车交通出行比例仅为 16.4%,较 1986 年下降了 46.3%。北京市历年交通出行方式比例如表 8-2 所示。

北京市历年各种交通方式出行比例(%) 表 8-2

年份	小汽车	公共汽电车	地铁	自行车	出租汽车及其他
1986	5.0	26.5	1.7	62.7	0.3
2000	23.2	22.9	3.6	38.5	8.8
2005	29.8	24.1	5.7	30.3	7.6
2007	32.6	27.5	7.0	23.0	7.7
2008	33.6	28.8	8.0	20.3	7.4
2009	34.0	28.9	10.0	18.1	7.1
2010	34.2	28.2	11.5	16.4	6.6

注:数据来源于北京市交通发展研究中心。

8.1.2 关于《北京市自行车出行情况》的问卷调查

为了解北京市城市道路自行车交通出行情况、调查北京市城市居民对租赁公共自行车的参与程度以及推动北京市政府《建设人文交通、科技交通、绿色交通行动计划(2009—2015)》的实施,笔者对 6 条自行车系统重点整治道路进行了实地调研,于 2013 年 3 月 1~5 日的高峰时段,采用对附近居民发放并回收问卷的方式,进行了基础问卷调查(见附录 5)。4 次调查共发放调查问卷 200 份,回收有效问卷 183 份,有效率为 91.5%。调查地点如表 8-3 所示。

自行车通勤调查地点　　表 8-3

地点编号	调查地点	地点编号	调查地点
GQL	广渠路	PALXDJ	平安里西大街
YQL	玉泉路	LZL	丽泽路
MJPXL	马家堡西路	MSGHJ	美术馆后街

1)北京市城市居民上下班或上下学主要的交通出行方式

自行车基础问卷调查结果显示,北京市城市居民上下班或上下学主要的交通出行方式如图 8-1 所示。从图 8-1 中可以看出,北京市城市居民上下班或上下学交通出行方式为:全程驾驶或乘坐小汽车(占 34%),全程乘坐公共交通工具(占 30%),全程乘坐出租汽车(占 3%),全程骑或坐自行车(含电动自行车)(占 16%),全程步行(占 6%),驾驶或乘坐小汽车与公共交通工具相结合(占 5%),骑车与公共交通工具相结合(占 5%),其他(占 1%)。

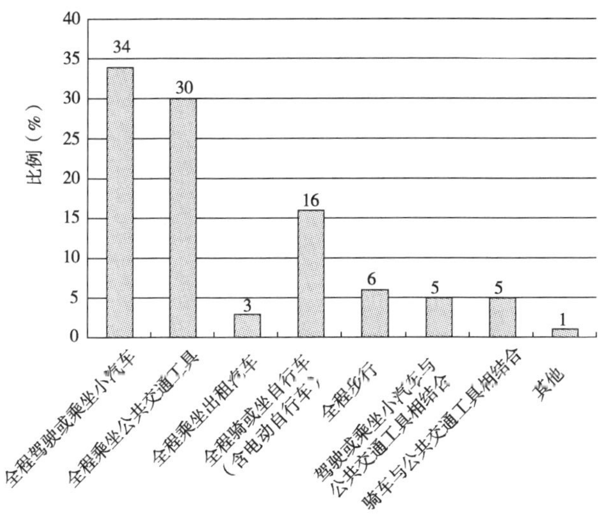

图 8-1　北京市城市居民上下班或上下学交通出行方式

2)北京市城市居民对公共自行车租赁的参与程度

北京市城市居民对公共自行车租赁的参与程度见图 8-2,从图 8-2 中可以看出,北京市城市居民对公共自行车租赁的参与程度较低,北京市城市居民曾经租赁过公共自行车的比例为 7%,没有租赁过公共自行车的比例为93%。

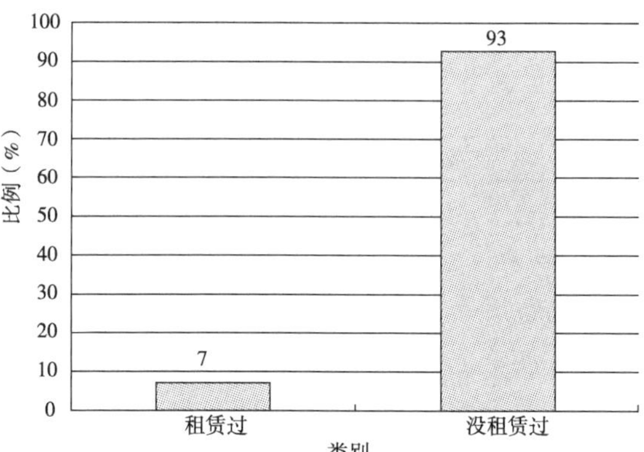

图8-2　北京市城市居民对公共自行车租赁的参与程度

3）北京市城市道路交通系统的突出问题

在北京市城市道路交通系统中，北京市城市居民认为最突出的问题是自行车（含电动自行车）不遵守交通规则（占29%），其次是私家车增长太快，占用了大量道路资源（占23%）。北京市城市道路交通系统突出问题调查结果如图8-3所示。

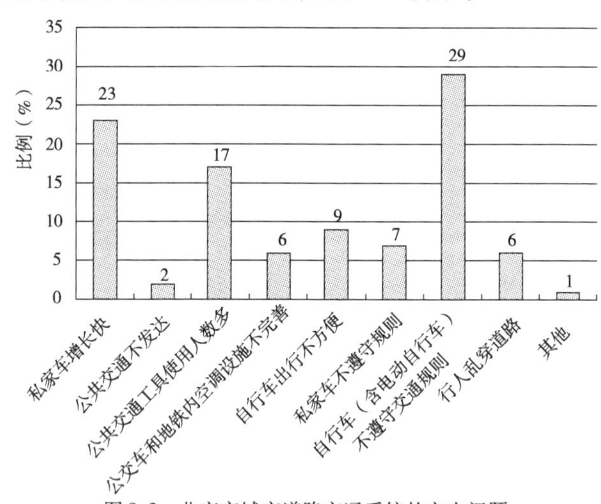

图8-3　北京市城市道路交通系统的突出问题

4）影响北京市城市道路自行车交通出行的主要原因

自行车出行作为一种绿色出行方式，越来越受到北京市的重

视,目前影响北京市城市道路自行车交通出行的主要原因是上班距离太远(占23%),其次为存车地方太少、不太方便(占17%)和自行车道狭窄(占14%)等。影响北京市城市道路自行车交通出行的主要原因如图8-4所示。

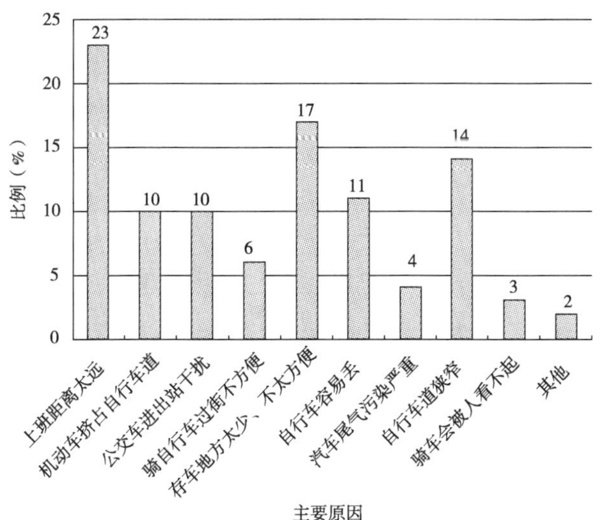

图8-4 影响北京市城市道路自行车交通出行的主要原因

8.2 北京市城市道路自行车交通系统的问题调查分析

8.2.1 北京市城市道路非机动车道规划建设的问题分析

我国道路网建设规划多采用三幅路断面的干路系统,此系统在路段上形成了机动车与非机动车分流的状态,大大提高了车辆的行驶速度。但是,由于当前城市道路规划不规范以及国家、行业标准落实不力,导致城市交通问题日益突出。一些城市机动车经常被自行车拦在交叉口内,自行车无视信号灯的相位,随意穿插在汽车的头尾缝隙中,大量摩托车、电动自行车的交叉抢行,更是加剧了机非混行的混乱局面。

然而,在实际城市建设过程中,还存在大量压缩自行车行驶车道宽度与长度的现象。根据《城市道路交通规划设计规范》(GB 50220—95)规定,自行车道路路面宽度应按车道数的倍数计算,车道数应按自行车高峰小时交通量确定。自行车道路每条车道宽度宜为1m,靠路边和靠分隔带的一条车道侧向净空宽度应加0.25m,自行车道路双向行驶的最小宽度宜为3.5m,混有其他非机动车的,单向行驶的最小宽度应为4.5m。但是,笔者在实际调研测量过程中发现,北京市自行车行驶车道的宽度与国家标准存在很大出入,达标车道较少,自行车行驶车道的宽度和长度明显被压缩,具体情况如表8-4所示。

自行车行驶车道宽度调查 表8-4

地点编号	调查地点	自行车行驶车道实际宽度(m)	是否达标
GQL	广渠路	2.58	否
MJPXL	马家堡西路	4.81	是
LZL	丽泽路	2.54	否
YQL	玉泉路	3.15	否
PALXDJ	平安里西大街	4.93	是
MSGHJ	美术馆后街	3.52	否

8.2.2 北京市城市道路自行车车辆停放存在的问题分析

1)停车设施缺乏

在北京市城区自行车换乘公共交通车站的周边地区,自行车停车场匮乏,自行车占用人行道停放、无序停放的现象十分严重,直接影响了其他车辆及居民的正常出行,同时也严重影响北京的市容市貌。大多数轨道交通站点附近的自行车存车处,都缺乏自行车维修服务或维修服务原始化,配套设施不完整。

2)停车费用影响

北京市自行车存放处分为免费停放处和收费存车处两类。通常情况下,免费停放处无人看管,车辆杂乱无章;收费存车处设有管理人员看管,但受收费影响,很多居民还是会选择把自行车随意停在人行道上,导致收费存车处闲置空间较大,造成公共资源的浪费。

3)停车安全担忧

自行车(尤其是电动自行车)的失窃率正在逐年提高,导致居民对停车安全的担忧也与日俱增,居民普遍表示不愿购买新车而倾向选择使用功能较差、不美观的旧车,为骑行者自身及他人的交通安全埋下了极大的隐患。

8.2.3 北京市城市道路自行车骑行安全存在的问题分析

随机选取2007年北京市二环内257起涉及交通弱势群体受伤或死亡的交通事故,其中主要因交通弱势群体违法造成的事故高达136起,占总事故比例的53%。其中最容易造成严重伤亡事故的是违法穿越行车道,占所有伤亡事故的33.9%。

另外骑行者自身也存在逆行、骑车带人、闯红灯等问题,机动车占用自行车道也严重影响骑行者的安全。

8.2.4 北京市城市公共自行车租赁服务存在的问题分析

据统计,截至2012年年底,北京市公共自行车租赁服务系统覆盖范围已由东城区、朝阳区扩展至大兴区和亦庄地区,公共自行车保有量达到1.4万辆,办卡人数超过1.5万人,累计租还车次数达到70万次。然而,相对于北京2018.6万的常住人口来说,公共自行车租赁还存在着诸多问题。为深入研究,笔者亲身体验了租赁公共自行车的全过程并得出以下结论:

1)租赁站点稀少,运营资金不足

北京市公共自行车租赁网点的跨区域通存通取,目前仅限于东城区与朝阳区,且仅有4个受理公共自行车办卡业务的服务网点,无法满足居民的租赁办卡需求。

北京市公共自行车租赁采用"政府主导,企业参与运营,政府和企业相结合"的运营模式,即"政府出资负责前期启动资金以及运营商补贴,运营商负责具体经营并承担费用支出"的运营模式,此模式虽然解决了公共自行车租赁的前期困难,但后续大量的日常维护与管理资金的筹备仍然是难题。

2)租赁手续繁多,押金费用较高

北京市推出的租赁公共自行车服务除第一小时免费外,每小时收取的租金并不高,即:第一小时后每小时 1 元,24h 封顶为 10 元。据负责东城区运营的相关工作人员介绍,采取这种“免费 + 低价”的收费方式,是为了提高公共自行车有效使用率,鼓励人们短时骑行、即用即还。

笔者通过调查发现,北京市在实际办理公共自行车租赁过程中,手续过于繁杂。首先,北京市城市居民需要在地铁售票口办理一张带有 C 标志的新型“一卡通”(卡内充值余额不少于 30 元)。然后,需要前往指定受理公共自行车办卡业务的服务网点,将二代身份证和带有 C 标志的“一卡通”放在感应器上进行关联。关联成功后,需要支付 200 元的“诚信保证金”。最后,还需要签署一份合约和一份申请表,具体办理过程如图 8-5 所示。如若不是北京市居民,则程序更加复杂。如此烦琐的租赁程序,导致北京市城市居民对公共自行车租赁的热情不高,较高的押金费用并没有真正提高公共自行车有效使用率。

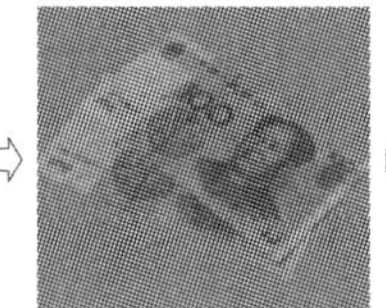

办理新型“一卡通” ⟶ 卡证关联 ⟶ 支付200元“诚信保证金” ⟶ 签署合约与填写申请表

图 8-5 北京市城市居民公共自行车租赁程序

3)使用人群单一,换乘系统不便

笔者走访了北京市多个公共自行车租赁服务点发现,租车市场十分冷清,即使是在早晚高峰时段,一些网点的公共自行车也处于闲置状态,个别网点的公共自行车竟无一“外出”,如图 8-6 所示。

笔者在路边随机采访了十几位不同年龄层次的居民,绝大多数老年人因为身体条件所限,不会选择公共自行车出行;中青年人是公共自行车最大的使用群体,他们将自行车作为上班、购物、公交换乘等短途代步工具,但同时有些人也表示公共自行车没有合适的对接租赁点,还车、换乘其他交通工具很不方便,因此不会考

虑租赁。有限的租车人群、不能全市通存通取、居民租车还车十分不便等因素,严重影响了现有公共自行车的租用率。

图 8-6　美术馆后街公共自行车闲置状态

8.2.5　北京市城市道路电动自行车出行存在的问题分析

电动自行车行驶速度过快,影响自身行驶安全。《道路交通安全法》第 58 条规定:“电动自行车在非机动车道内行驶时,最高时速不得超过 15km/h。”但是,此法规并没有对电动自行车有关重要参数等方面做出详细管理规定。《电动自行车通用技术条件》(GB 17761—1999)规定:“电动自行车的设计最高时速应不大于 20km/h;整车质量应不大于 40kg;具有脚踏行驶能力,30min 的脚踏行驶距离应不小于 7km。”但是部分电动自行车生产厂家,为迎合消费者需求,将速度提高至 40km/h,有些厂商甚至取消了已经成为摆设的人力骑行功能,使电动自行车呈现摩托车化的发展趋势。由于电动自行车在非机动车道上行驶,一旦与普通自行车发生碰撞,冲击力较强,对普通自行车本身行驶安全构成潜在威胁。

电动自行车安全性能较差,引发交通事故伤亡率很高。机动车大都拥有封闭的驾驶室,可有效保护驾驶人人身安全,然而电动车自行车处于开放而又复杂的交通环境下,并没有相应的安全保护措施,因此,一旦出现交通事故,电动车的骑行者将会受到很大伤害,伤亡率与其他交通工具相比也较高。

电动自行车电池废弃率高,严重污染城市环境。电动自行车主要使用铅酸蓄电池,此类电池的使用寿命相对比较短,正常使用状态下,12~15 个月就要更换。使用者通常会把电池拿到电动自行车维修点维修或者更换,然而,许多维修人员认为,铅酸蓄电池不值钱,仅抽取电池里面的铅进行回收,电池内含铅的硫酸液体便随意倾倒,这样的处置极易造成局部区域水源和土壤环境的严重污染。

8.3 完善北京市城市道路自行车交通系统的建议

通过对中国最早的家庭自行车比赛创办者杨桂林先生的采访,综合其对北京市城市道路自行车交通系统的发展观点,笔者提出了规划建设、停车设施、安全措施、公共自行车租赁服务以及电动自行车出行等方面的发展建议。

8.3.1 规划建设方面:严格标准,完善设施

1)规范自行车行驶车道的前期规划

科学的自行车交通系统规划,应该以规范的自行车行驶车道设计为基础,规划非机动车专用道,使自行车的通行权力得到保障,如图 8-7 所示。

在保证自行车路权的前提下,适当减少车道宽度并不意味着可以随意压缩自行车道宽度,只有合理规划设计自行车道的宽度,才能提高路网资源的利用率。表 8-5 为北京交通发展研究中心编制的北京市城区自行车道路推荐数据。

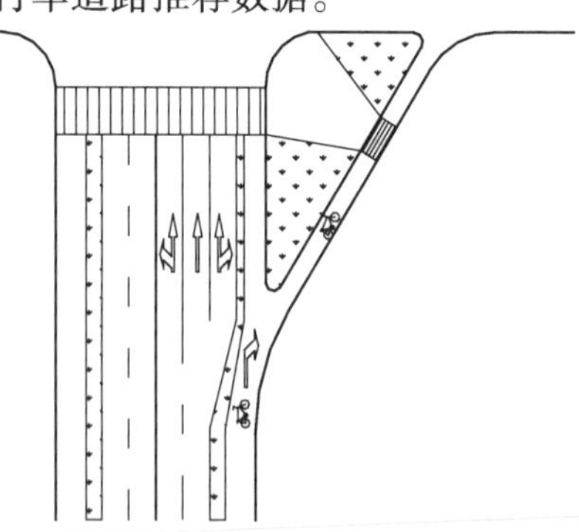

图 8-7 非机动车专用道示意图

自行车道推荐宽度 表 8-5

自行车道类型	推荐宽度(m)		备注
	一般路段	专用道	
城市特殊非机动车道	—	4～6	城市特殊非机动车道推荐设置自行车专用道
城市一般非机动车道	3～4	2.5～3.5	根据机非隔离形式选择设计宽度,自行车专用道宽度可在一般道路基础上减少0.5m
区域一般非机动车道	2～3	1.5～2.5	根据机非隔离形式选择设计宽度,自行车专用道宽度可在一般道路基础上减少0.6m
区域服务性非机动车道	2	—	红线宽度为15m的支路,自行车道宽度可为1m

2)落实机非隔离设施的基础建设

由于北京市机动车保有量不断增加、停车位等基础设施欠缺等原因,机动车经常侵占非机动车道。通常情况下,7m宽的非机动车道上,划设了2m宽的小汽车停车位与3.5m宽的机动车道后,自行车的通行空间仅剩1m左右。传统的机非划线隔离措施虽然明确了各自的路权,但机动车与非机动车之间的冲突依旧存在,硬件设施方面对自行车骑行群体没有起到保护作用。应该加强机非物理隔离设施的建设,即在自行车与机动车之间增设绿色隔离带、隔离墩或者护栏,使自行车的行驶路权不再受机动车的侵犯。

8.3.2 停车设施方面:多管齐下,以停促行

1)增加停车设施供应

合理增加交通财政支出,增加自行车停放设施数量,提高设施质量,解决自行车交通出行的后顾之忧。在公交车站、公共交通枢纽等车流密集区域,应根据居民需求就近设置足够且方便的自行车停车设施,为自行车停车换乘提供良好条件。在路段中,应充分利用行道树设施带、机非隔离带、店前广场和人行天桥下面的空间,设置自行车架,保障自行车停放有序。

2)改变费用交付方式

运用现代科技手段,改变停车费用交付方式,居民可以省去每日掏0.3元的现金支付过程,持“公交一卡通”刷卡存放,通过磁卡支付代替现金支付,从思想上清除对自行车停放频繁付费的抵触情绪。

3)完善停车配套服务

各级政府应把重点放在配建停车场、停车棚、修车点等配套设施的细节服务之中,真正贯彻“以人为本”的服务宗旨,发挥自行车作为替代出行方式的比较优势,提高自行车出行的便利性,加快以静促行的实现速度。

8.3.3 安全措施方面:寓教于乐,宣管结合

1)组织自行车俱乐部,寓教于乐

构建以自行车装备、自行车旅行、自行车赛事为主的自行车交流平台,为会员提供最新的自行车资讯,在全民健身的大环境下,满足自行车运动爱好者的需求,挖掘自行车运动人才。

2)机动车严格遵纪守法,不占用非机动车道

机动车驾驶人在日常的通行中,应自觉遵守安全行车规定,杜绝道路交通违法行为,不占用非机动车道,确保非机动车的行驶安全。

3)管理者加强执法力度,完善法律法规

没有规矩不成方圆,管理者应加大对违反交通法规行为的惩罚力度,完善《道路交通安全法》以及相关的法律法规,有效降低交通事故率。

4)媒体加大宣传力度,普及交通安全知识

要充分发挥广播电台、电视台、报纸和网络等新闻媒体的作用,开展道路交通安全法律、法规的宣传教育工作,提高交通参与者的交通安全意识。

8.3.4 公共自行车租赁方面:优化服务,促进发展

1)增加租赁站点,提供政策支持

政府应当增加公共自行车租赁站点,将发展重心由前期财政补贴转向后期经济政策引导,推动自行车租赁业务的市场化发展。政府还应当出台地方规章,将其纳入法制建设轨道,保障公共自行车租赁系统持之以恒、有效运转,避免出现作秀的政绩工程、短期行为。

2)简化租赁手续,实现一卡办理

简化“四步办理法”,通过与银行等部门合作绑定信用卡的方式,直接开通公共自行车租赁业务,免除押金支付手续,提高租赁效率。采用信用卡租赁手段,可以实现企业服务的联网化、租客身份的明确化、公共自行车租赁的市场化,保证租借诚信,降低管理风险,充分促进资源的优化配置。

3)功能概念升级,科学联网调配

租赁站点不应局限于公交换乘站附近,还可以进社区,进大型购物网点。公共自行车租赁依托通信、计算机网络技术以及 GPS 定位系统等高新科技手段,引进先进的智能技术,对公共自行车进行实时监控,科学合理调配与管理各租赁站点之间的公共自行车,促进公共自行车企业整体运营水平与服务质量的提高。

8.3.5 电动自行车方面:引导为主,保障安全

1)保障电动自行车质量过关,加强生产与销售等环节的管理

建议对电动自行车生产厂商进行规范,从生产源头抓起,对违反规定的生产厂商予以严厉处罚,增强法律的约束作用。加强销售环节的突击检查力度,严格执法,对不符合《电动自行车通用技术条件》技术标准的电动自行车,予以没收,禁止销售。

2)佩戴电动自行车安全设备,防范突发交通事故

加强对电动自行车使用者的交通安全教育,要求骑行者佩戴安全头盔,做好安全保护措施。制定并完善相关的法律法规,规范电动车使用者的行为,降低因电动自行车引起的交通事故伤亡率。

3)回收电动自行车废弃电池,减少对城市环境的污染与破坏

鼓励市民积极参与废旧电池的分类回收与利用,承担保护社

会环境的责任与义务,用个人的微薄之力,集聚身边的人,促进北京市城市道路自行车交通系统的可持续发展。

8.4 本章小结

城市道路交通是一个复杂的系统,自行车作为这个复杂系统的重要组成部分,在持续发展中受到了诸多因素的影响与制约,本章尝试对自行车相关设施规划建设、安全管理措施、公共自行车租赁服务以及电动自行车出行等方面进行研究。

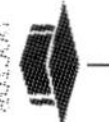

附录1　2011年、2012年北京市非机动车保有量统计表

2011年北京市非机动车保有量统计表(单位:辆)

区县	合计	自行车	电动自行车	残疾人机动轮椅车	人力小三轮车	货运三轮车		客运三轮车	畜力车
						三环外	三环内		
全市	5873984	4132063	859639	25738	684247	66083	67092	3694	25428
东城	918143	631525	146221	5697	112891	0	20800	1009	0
西城	994232	704682	128608	4447	132601	0	23134	760	0
朝阳	1144519	864864	133786	4886	117499	16007	7277	300	0
海淀	643136	454824	78290	2650	88844	9300	5381	400	3447
丰台	217387	170891	26149	887	14119	4831	0	40	470
石景山	868321	650271	63694	2528	128473	10900	10500	120	1835
房山	8571	8546	0	0	25	0	0	0	0
通州	43759	33549	3143	328	3091	642	0	675	2331

续上表

区县	合计	自行车	电动自行车	残疾人机动轮椅车	人力小三轮车	货运三轮车		客运三轮车	畜力车
						三环外	三环内		
昌平	144310	105614	21803	571	6701	359	0	295	8967
门头沟	172180	78856	46361	818	42514	2678	0	0	953
大兴	165494	103696	55500	695	1795	1008	0	0	2800
顺义	135888	96307	21874	758	11596	5258	0	95	0
怀柔	138947	46994	61195	916	19284	10558	0	0	0
平谷	86587	58277	22925	153	1472	294	0	0	3466
密云	56110	39610	15015	158	1018	309	0	0	0
延庆	74184	38190	32764	126	1509	436	0	0	1159
机场	62116	45367	12311	120	815	3503	0	0	0

2012 年北京市非机动车保有量统计表(单位:辆)

区县	合计	自行车	电动自行车	残疾人机动轮椅车	人力小三轮车	货运三轮车		客运三轮车	畜力车
						三环外	三环内		
全市	5885991	4132063	881090	26291	684250	66083	67092	3694	25428
东城	921300	631525	149304	5771	112891	0	20800	1009	0
西城	995368	704682	129663	4528	132601	0	23134	760	0
朝阳	1147180	864864	136237	4995	117500	16007	7277	300	0
海淀	645362	454824	80401	2763	88846	9300	5381	400	3447
丰台	217821	170891	26563	907	14119	4831	0	40	470
石景山	868624	650271	63936	2589	128473	10900	10500	120	1835
房山	8571	8546	0	0	25	0	0	0	0
通州	43777	33549	3145	344	3091	642	0	675	2331
昌平	144488	105614	21971	581	6701	359	0	295	8967
门头沟	172347	78856	46515	831	42514	2678	0	0	953

续上表

区县	合计	自行车	电动自行车	残疾人机动轮椅车	人力小三轮车	货运三轮车		客运三轮车	畜力车
						三环外	三环内		
大兴	165549	103696	55548	702	1795	1008	0	0	2800
顺义	135998	96307	21959	783	11596	5258	0	95	0
怀柔	140526	46994	62760	930	19284	10558	0	0	0
平谷	86644	58277	22981	154	1472	294	0	0	3466
密云	56114	39610	15017	160	1018	309	0	0	0
延庆	74205	38190	32780	131	1509	436	0	0	1159
机场	62117	45367	12310	122	815	3503	0	0	0

附录2 100种常见机动车违法驾驶行为

100种常见机动车违法驾驶行为

违法行为代码	行　　为
1	未按照尾号限制通行规定通行
2	违反限制通行规定
3	违反规定停放车辆
4	超过规定时速50%以下
5	非公路客运载客汽车违反规定载货
6	违反交通信号灯指示
7	违反分道行驶规定
8	机动车号牌不清晰
9	未按照禁令标志指示行驶
10	未配备有效的灭火器具
11	驾驶未按规定期限进行安全技术检验的机动车
12	未按照指示交通标线指示行驶
13	违反规定在应急车道内行驶
14	未配备反光的故障车警告标志
15	未按规定办理进京通行证行驶
16	未按照指示交通标志指示行驶
17	未按照禁止标线指示行驶
18	违反规定在专用车道内行驶
19	机动车载物超过核定载质量未达30%(含)
20	未按照交通警察指挥行驶
21	未按照规定安装号牌
22	机动车载货长度超过规定
23	在驾驶室前后窗范围内悬挂、放置妨碍安全驾驶的物品

续上表

违法行为代码	行　　为
24	未按规定使用安全带
25	车厢未关好时行车
26	车门未关好时行车
27	未携带行驶证
28	逆向行驶
29	机动车载货宽度超过规定
30	违反规定临时停车
31	未按规定与前车保持安全距离
32	未携带驾驶证
33	故意遮挡机动车号牌
34	未携带驾驶人信息卡
35	机动车载货高度超过规定
36	黄标车违反限制通行规定
37	驾驶安全设施不齐全的车辆上道路行驶
38	机动车载物超过核定载质量 30% 以上
39	未悬挂机动车号牌
40	遇前方车辆排队等候时进入非机动车道行驶
41	向道路上抛撒物品
42	驾驶未按规定放置保险标志的机动车
43	未取得机动车驾驶证驾驶机动车
44	遇前方车辆缓慢行驶时进入非机动车道
45	货运机动车喷涂的放大牌号不清晰
46	机动车号牌不完整
47	超过规定时速 50% 以下
48	违反倒车规定
49	未取得机动车移动证明行驶
50	遇前方道路受阻时进入非机动车道行驶

续上表

违法行为代码	行　　为
51	机动车载人超过核定人数
52	进出停车场妨碍其他车辆正常通行
53	违反规定停放车辆
54	驾驶时拨打、接听电话
55	驾驶机件不符合机动车国家安全技术标准的机动车上道路行驶
56	在禁止掉头的地点掉头
57	运载危险物品未经批准
58	转弯的机动车未让直行的车辆先行
59	驾驶未放置有效的检验合格标志的机动车
60	违反交替通行规定
61	货运机动车挂车喷涂的放大的牌号不清晰
62	变更车道影响本车道内机动车正常行驶
63	未按照指示交通标志、标线指示行驶
64	通过路口遇停止信号时,停在停止线以内
65	未按规定投保第三者责任强制保险
66	货运机动车违反规定附载作业人员
67	非公路客运车辆载人超过核定人数未达到20%
68	货运机动车未按规定喷涂放大的牌号
69	在驾驶室前后窗范围内粘贴妨碍安全驾驶的文字图案
70	违反规定变更车道
71	发生事故未按照规定设置警告标志
72	进出道路未让正常行驶的车辆先行
73	从前车右侧超车

续上表

违法行为代码	行　　为
74	未按照规定粘贴或者悬挂实习标志
75	在禁止左转弯的地点掉头
76	违反交通信号灯指示
77	驾驶未按规定放置环保合格标志的机动车
78	机动车载物行驶时遗洒载运物
79	未取得机动车驾驶证驾驶机动车
80	违反规定在应急车道内停车
81	未按照规定安装行驶记录仪
82	驾驶与驾驶证载明的准驾车型不符的机动车
83	驾驶与驾驶证载明的准驾车型不符的机动车情节严重的
84	饮酒后驾驶机动车
85	运载超限物品时未悬挂明显标志
86	通过路口向右转弯遇同车道内有车等候放行信号时，不依次停车等候
87	发生故障未按照规定设置警告标志
88	违反分道行驶规定
89	非公路客运车辆载人超过核定人数达到20%以上
90	非机动车未依法登记上路行驶
91	发生事故未按照规定开启危险报警闪光灯
92	违规进入非机动车道、人行道行驶
93	进主路未让主路上行驶的机动车先行
94	未按照禁令标志、警告标志指示行驶
95	违反灯光使用规定

续上表

违法行为代码	行　　为
96	机动车行驶超过规定时速 50%
97	遇前方车辆排队等候时在网状线区域内停车等候
98	故意污损机动车号牌
99	在驾驶室前后窗范围内喷涂妨碍安全驾驶的文字图案
100	机动车驾驶证被暂扣期间驾驶机动车

附录3　违法行为相关风险表

违法行为相关风险表

风		险				违法行为	处罚比例
A	B	C	D	E	F	超过规定时速50%以下	15.39%
A						违反规定停放车辆	14.63%
A						违反限制通行规定	12.86%
A			D			违反交通信号灯指示	10.26%
A						未按照指示交通标线指示行驶	7.30%
A						未按照禁令标志指示行驶	6.01%
A	B	C	D	E	F	驾驶未按规定期限进行安全技术检验的机动车	3.49%
A						违反规定在专用车道内行驶	3.27%
A						未按照禁止标线指示行驶	2.59%
A			D			未按照指示交通标志指示行驶	2.41%
A	B	C	D	E	F	饮酒后驾驶机动车	1.93%
A						违反分道行驶规定	1.68%
A	B	C	D	E	F	超过规定时速50%以下	0.79%
A	B			D		遇前方道路受阻时进入非机动车道行驶	0.46%
A	B		D	E	F	驾驶时拨打、接听电话	0.45%
A	B		D			未按规定与前车保持安全距离	0.33%
A						违反规定停放车辆	0.31%
A			D			遇前方车辆缓慢行驶时进入非机动车道	0.28%
A			D		F	在禁止左转弯的地点掉头	0.24%
A	B	C	D	E	F	违反灯光使用规定	0.18%
A			D		F	在禁止掉头的地点掉头	0.15%
A	B	C	D	E	F	在驾驶室前后窗范围内悬挂、放置妨碍安全驾驶的物品	0.12%
A						违反规定临时停车	0.10%
A			D			未按照指示交通标志、标线指示行驶	0.10%

续上表

风险						违法行为	处罚比例
A			D		F	违反交通信号灯指示	0.07%
A			D	E	F	未按照禁令标志、警告标志指示行驶	0.07%
A						进出停车场妨碍其他车辆正常通行	0.06%
A			D	E	F	逆向行驶	0.06%
A			D			遇前方车辆排队等候时进入非机动车道行驶	0.05%
A			D			变更车道影响本车道内机动车正常行驶	0.05%
A			D			遇前方道路受阻时在人行横道内停车等候	0.04%
A			D			违规进入非机动车道、人行道行驶	0.04%
A			D			通过路口向右转弯遇同车道内有车等候放行信号时，不依次停车等候	0.04%
			D			违反倒车规定	0.04%
A						违反分道行驶规定	0.03%
A	B	C	D	E	F	醉酒后驾驶机动车（血液中酒精含量130mg/100ml以上）	0.03%
A	B	C	D	E	F	未取得机动车驾驶证驾驶机动车	0.03%
A	B	C	D	E	F	非公路客运车辆载人超过核定人数达到20%以上	0.02%
A	B	C	D	E	F	醉酒后驾驶机动车（血液中酒精含量80mg/100ml以上，130mg/100ml（含）以下）	0.02%
A	B		D	E	F	驾驶与驾驶证载明的准驾车型不符的机动车	0.02%
A						通过路口遇停止信号时，停在停止线以内	0.02%
A						发生事故未按照规定设置警告标志	0.02%
A	B		D	E	F	未取得机动车驾驶证驾驶机动车	0.01%
A						违规在人行横道或网状线内停车	0.01%
A						转弯的机动车未让直行的车辆先行	0.01%
A						遇前方道路受阻时在网状线区域内停车等候	0.01%
A						机动车载货高度超过规定	0.01%

续上表

风险						违法行为	处罚比例
A						遇前方车辆排队等候时在网状线区域内停车等候	0.01%
			D			进出停车场妨碍其他行人正常通行	0.01%
A	B	C	D	E	F	未取得机动车驾驶证驾驶机动车	0.01%
A						机动车载货长度超过规定	0.01%
A			D			出租汽车违反规定停车上、下乘客	0.01%
A	B	C	D	E	F	驾驶与驾驶证载明的准驾车型不符的机动车	0.01%

附录4　城市交通弱势群体交通行为与习惯相关风险表

城市交通弱势群体交通行为与习惯相关风险表

出行主体	行为与习惯描述	风险类别						平均值
行人	附近有安全过街设施，但没有借用安全设施横过道路	A	B	C	D	E	F	78%
	步行通过城市快速路或高速公路			C	D	E		1%
	从静止的车辆前横过道路	A		C	D	E		94%
	在横过道路过程中突然后退			C	D			17%
	过量饮酒后独自行走	A			D		F	22%
	对儿童的安全注意不足	A		C	D		F	45%
	紧贴正欲或正在倒车的车辆后面行走				D			68%
	指挥倒车	A						66%
	在道路上突然躲避井口、积水	A		C	D		F	58%
	紧贴大型车辆行走或等候过街	A						59%
	睡在停驻车辆的场院、施工场地内及其进出口处	A						15%
	夜间或清晨着深色衣装行路、散步、横穿道路	A		C	D	E	F	97%
	夜间在车道中心线处停留	A		C	D	E	F	90%
	在隧道口处、地下停车场出口处站立等待				D			61%
自行车驾驶人	突然猛拐进入机动车道	A	B	C	D	E		57%
	在自行车车道内并行			C				34%
	紧贴水泥罐车、大货车、公共汽车右侧骑行	A						27%

续上表

出行主体	行为与习惯描述	风险类别						平均值
自行车驾驶人	遇前方右转弯水泥罐车、重型货车等大型车辆强行贴近、穿插	A		C				21%
	酒后骑自行车	A			D		F	7%
	超速驾驶电动自行车、残疾人专用车	A			D	E	F	47%
	老年人骑自行车、三轮车	A		C			F	45%
	夜间骑灯具不合格的自行车	A		C		E	F	27%
	雨雪天过路口、高速公路出口			C				13%
	快速骑行通过路口	A		C				59%
	在封闭道路(高速公路、城市快速路)上驾驶非机动车			C	D	E		7%
	驾驶不合格的非机动车	A		C			F	30%

注:A、B、C、D、E、F 含义参见表 4-6。

附录5　北京市自行车出行情况问卷调查

您好！首先，非常感谢您在百忙之中填写此问卷。这是一份关于北京市城市道路自行车出行情况的调查问卷。请您根据自己的实际情况逐项填写，问卷不记名，调查结果仅供研究使用，诚请放心填写。

您的基本情况（请勾出您的信息）

您的性别：　男/女

您的年龄段：　16岁以下　17~30岁　31~55岁　55岁以上

您的学历：　初中　高中　本科　其他

您的社会角色：学生　教师　公司上班族
公务员　自由职业者　其他____

您居住的城区：朝阳区　海淀区　东城区　西城区
丰台区　石景山区　其他____

您居住的环线：2环内　3环内　4环内　5环内　5环外

请您将答案字母填写在括号内：

(1)您平时上下班或上下学最主要的交通方式是什么？(　　)

A. 全程驾驶(或乘坐)小汽车

B. 全程乘坐公共交通工具(公交车、地铁、班车)

C. 全程打车(出租汽车)

D. 全程骑(坐)自行车(含电动自行车)

E. 全程步行

F. 驾驶(或乘坐)小汽车与公共交通工具相结合

G. 骑车与公共交通工具相结合

H. 其他__________

(2)您使用自行车的情况如何？(　　)

A. 每天出行都用　　B. 健身游玩用

C. 偶尔使用　　D. 从不使用

(3)您是否租赁过公共自行车?(　　)

A. 有　　　　B. 没有

(4)您觉得骑行距离大概多少公里比较合适?(　　)

A. 1 ~ 5　　B. 6 ~ 10　　C. 11 ~ 15　　D. 15 ~ 20

E. 20 以上

(5)根据您的亲身体会或感觉,您认为北京市交通有哪些突出问题(限选三项)?(　　)

A. 私家车增长太快,占用了大量道路资源

B. 公共交通不发达,线路少,换乘不方便

C. 公共交通工具使用人数太多,拥挤不堪

D. 公交车和地铁内空调设施不完善

E. 自行车出行不方便,使用人数明显下降

F. 小汽车不遵守规则

G. 自行车(包括电动自行车)不遵守交通规则

H. 行人乱穿道路

I. 其他________________

(6)您有没有听说过"自行车路权"这个说法?(　　)

A. 很熟悉　　B. 听说过　　C. 从未听说

(7)自行车出行作为一种绿色出行方式,越来越受到政府的重视。您觉得目前影响北京市自行车出行的主要问题有哪些(限选三项)?(　　)

A. 上班距离太远　　B. 机动车挤占自行车道

C. 公交车进出站干扰　　D. 骑自行车过街不方便

E. 存车地方太少,不太方便　　F. 自行车容易丢

G. 汽车尾气污染严重　　H. 自行车道狭窄

I. 骑车会被人看不起　　J. 其他____________

(8)如果上面您提到的这些问题得以解决,您会考虑全程骑自行车(含电动自行车)上班或上学吗?(　　)

A. 会考虑　　B. 不会考虑　　C. 不一定

(9)在什么样的情况下,您会考虑自行车(含电动自行车)和大

众公共交通工具(公交车或地铁)相结合的方式上下班或上下学(限选三项)?(　　)

A. 地铁站或公交枢纽站设有安全的存车处

B. 存车收费合理

C. 公共交通运力充足,不太拥挤

D. 公共交通换乘方便

E. 设置自行车专用道

F. 不会考虑

G. 其他________________

(10)根据北京市政府公布的《建设人文交通、科技交通、绿色交通行动计划(2009—2015 年)》,2015 年自行车出行比例由 2009 年的 18.1% 增加到 23%。您认为要达到这项目标,需要在哪些方面做工作(限选三项)?(　　)

A. 将自行车出行纳入现代化的交通体系,在小区、商业区和公共交通枢纽站规划建设方便、安全的存车处,方便自行车出行

B. 在道路两旁修建自行车专用道,禁止机动车行走和停放

C. 在繁华的闹市区和较大的公园内应允许自行车出行

D. 严厉处罚交通违法行为,确保自行车出行安全

E. 政府官员应起模范带头作用,身体力行采用自行车出行方式

F. 政府可采取税收优惠等经济手段(如降低个人所得税、经济补助等),鼓励市民采用自行车出行

G. 政府大力发展自行车租赁系统,方便市民多点存取

H. 其他________________

参考文献

[1] 北京市公安局公安交通管理局. 统计资料(1990—2008).

[2] 中华人民共和国公安部交通管理局. 中华人民共和国道路交通事故统计年报(1990—2008).

[3] 赵震. 城市道路交通安全风险分析与风险管理研究——以北京市城市道路交通为例[D]. 东北师范大学,2008:17-18.

[4] 何寿奎. 基于证据融合的城市交通安全风险综合评价[J]. 华东公路,2007(3):63-66.

[5] 张国胜,任晓崧. 道路交通事故灾害的分析与对策[J]. 灾害学,2007,19(Sup):71-76.

[6] 陈庚,刘茂,李丽芬. 天津市道路交通风险分析及其应用[J]. 中国安全科学学报,2006,16(5):52-55.

[7] 赵震. 城市道路交通安全风险分析与风险管理研究——以北京市城市道路交通为例[D]. 东北师范大学. 2008:3-88.

[8] 路峰. 交通事故防治工程[M]. 北京:警官大学出版社,1997.

[9] Kohl B. ,Botshek K. Development of a new Method for the Risk Assessment of Road Tunnels[C]. 3rd International Conference, Tunnel Safety and Ventilation,2006, Graz.

[10] Eduardo A Vasconcellos. TRAFFIC ACCIDENT RISKS IN DEVELOPING COUNTRIES: SUPERSEDING BIASED APPROACHES[C]. ICTCT extra workshop,Campo Grande 2005.

[11] Maurizio Tira, Chiara Bresciani and Francesca Costa. A decisiontool for improving road safety for pedestrians. 9th International Conference for Walking, Barcelona,8th-10th October 2008.

[12] Reason,J. T. (1997). Managing the risks of organizational accidents. Aldershot, UK: Ashgate. Maurizio Tira. A decision tool for improving road safety: from efrom e book to solutionbook solu-

tion. international conference RSS2007 (C). Nov, 7- 8- 9th, 2007ROME,ITALY.

[13] Stodola Jiri. Possibilities of traffic accidents and risk crash evaluation[J]. R&RATA # 2(Vol. 1) 2008,June.

[14] KI-JOON KIM,Jaehoon Sul. Development of Intersection Traffic Accident Risk Assessment [C] Model. 4th IRTAD CONFERENCE 16-17Sep,2009,seoul,Korea.

[15] Sandip Chakraborty and Sudip K. Roy. TRAFFIC ACCIDENT CHARACTERISTICS OF KOLKATA [J]. Transport and Communications Bulletin for Asia and the Pacific No. 74, 2005.

[16] Miao M. Chong. TRAFFIC ACCIDENT ANALYSIS USING DECISION TREES AND NEURAL NETWORKS[J]. Accident analysis and Prevention, Vol. 34, 2002:717-727.

[17] Persaud, B. N. and Mucsi, K. , 1995. Microscopic accident potential models for twolane rural roads[J]. Transport. Res. Rec. 1485:134-139.

[18] Joshua,S. and Garber,N. ,1990. Estimating truck accident rate and involvement using linear and Poisson regression models [J]. Transportation Planning and Technology 15:41-58.

[19] Charles O. Bekibele. Risk factors for road traffic accidents among drivers of public institutions in Ibadan,Nigeria[J]. African Journal of Health Sciences, Volume 14, Number 3-4,July-December 2007.

[20] Mohammad Hussain Khan. Study of accident risk factors[J]. Professional Med Jun 007,14(2):323-327.

[21] Brener, N. D. and Collins, J. L. (1998). Co- occurrence of healthrisk behaviors among adolescents in the United States. Journal of Adolescent[J]. Health, Vol. 22:209-213.

[22] Murat Sari,Özcan Mutlu. Effects of Human and External Factors on Traffic Accidents [J]. BULETINUL Universită Nii Petrol-

Gaze din Ploiesti, Vol. LXI No. 1/2009:7-9.

[23] Hejar ABDUL RAHMAN. Car occupants accidents and injuries among adolescents in a state in Malaysla[J]. Proceedings of the Eastern Asia Society for Transportation Studies, 2005 (5): 1867-1874.

[24] David Whi, Robert Raeside. The Socio – Economic Influences on the Risk of Child Involvement in Road Traffic Accidents[C]. 66th ROAD SAFETY CONGRESS Child Casualties: Meeting the Target 12-14th MARCH 2001.

[25] A. H. Rafindadi. A Review of Types of Injuries Sustained Following Road Traffic Accidents and their Prevention[J]. The Nigerian Journal of Surgical Research Volume 2 Number 3-4,2000.

[26] Buser A, Lachenmayr B, Priemer F, et al. Effect of low alcohol concentrations on visual attention in street traffic[J]. Ophthalmologe, 1996,93(4):371-376.

[27] Soyka M, Aichmuller C, Preuss U, et al. Effects of acamprosate on psychomotor performance and driving ability in abstinent alcoholics[J]. Pharmacopsychiatry, 1998,31(6):232-235.

[28] Weiler JM, Bloomfield JR, Woodworth GG, et al. Effects of fexofenadine, diphenhydramine, and alcohol on driving performance. A randomized, placebo controlled trial in the Iowa driving simulator[J]. Ann Intern Med, 2000,132(5):354-363.

[29] Burian SE, Liguori A, Robinson JH. Effects of alcohol on risk taking during simulated driving [J]. Hum Psychopharmacol, 2002,17(3):141-150.

[30] Mills KC, Spruill SE, Kanne RW, et al. The influence of stimulants, sedatives, and fatigue on tunnel vision: risk factors for driving and piloting[J]. Hum Factors, 2001,43(2):310-327.

[31] I. L. Wickramanayake. The Prevalence of Known Risk Factors for Road Traffic Accidents(RTA) in Kandy Police Administra-

tive Area[J]. Proceedings of the Peradeniya University Research Sessions, Sri Lanka, Vol. 12, Part I, 30thNovember 2007: 129-130.

[32] Hermann Nabi. Awareness of driving while sleepy and road traffic accidents[J]. Accid Anal Prev,2005,37(3):473.

[33] Connor J, Whitlock G, Norton R, Jackson, R. The role of driver sleepiness in car crashes: a systematic review of epidemiological studies[J]. Accid Anal Prev,2001,33:31-41.

[34] Connor J, Norton R, Ameratunga S, Robinson E, Civil I, Dunn R, Bailey J, Jackson R. Driver sleepiness and risk of serious injury to car occupants: population based case control study. BMJ,2002,324(7346):1125.

[35] Lyznicki JM, Doege TC, Davis RM, Williams MA. Sleepiness, driving, and motor vehicle crashes[J]. JAMA, 1998, 279: 1908-1913.

[36] K. L. L. Movig, M. P. M. Mathijssen. Psychoactive substance use and the risk of motor vehicle accidents[J]. Accid Anal Prev,2004,36:631-636.

[37] Yasushi Nishida. Road Traffic Accident Involvement Rate by Accident and Violation Records: New Methodology for Driver Education Based on Integrated Road Traffic Accident Database[C]. 4th IRTAD Conference 16-17 Sep,2009,Seoul,Korea.

[38] 于敏. 机动车损害赔偿责任与过失相抵[M]. 北京:法律出版社,2005:15-19.

[39] 刘光远. 世界预防道路伤害报告[M]. 北京:人民卫生出版社,2004:12-13.

[40] 牛学军. 道路交通安全管理规划相关理论与方法研究[D]. 北京:北京交通大学.

[41] H Naci, D Chisholm. Distribution of road traffic deaths by road user group: a global comparison[J]. Inj. Prev,2009:15,55-59.

[42] 缪明月,陈艳艳.城市交通弱势群体事故原因分析及事故烈度模型[J].北京工业大学学报,2009,12.

[43] 丁厚成.工业事故风险评价模型[J].工业安全与环保,2004,30(11).

[44] Stodola Jiri. Possibilities of traffic accidents and risk crash evaluation[J]. R&RATA # 2(Vol. 1) 2008, June.

[45] Sandip Chakraborty and Sudip K. Roy. TRAFFIC ACCIDENT CHARACTERISTICS OF KOLKATA[J]. Transport and Communications Bulletin for Asia and the Pacific No. 74,2005.

[46] 曹阳,刘小明,任福田.道路交通事故经济损失的计量方法[J].中国公路学报,1995(A1).

[47] 翟忠民,景东升,陆化普.道路交通实战案例[M].北京:人民交通出版社,2007:2-3.

[48] Federal Highway Administration. Signalized Intersection:Information Guide[M]. Philadelphia: the Research and Technology Report Center,2002.

[49] New Jersey Department of Transportation. Pedestrian Compatible—Planning and Design Guidelines. Trenton, NJ: New Jersey Department of Transportation,2001.

[50] Hasson, P. , P. Lutkevich, B. Ananthanarayanan, P. Watson, and R. Knoblauch. "Field Test for Lighting to Improve Safety at Pedestrian Crosswalks." Presented at the 2004 TRB Annual Meeting, Washington, DC, 2004.

[51] Fruin,J. J. Pedestrian Planning and Design. New York: Metro Association of Urban Designers and Environmental Planning,1971.

[52] U. S. Architectural and Transportation Barriers Compliance Board (U. S. Access Board).

[53] Americans with Disabilities Act Accessibility Guidelines for Buildings and Facilities(ADAAG). 36 CFR Part 1191. As amended through September 2002.

[54] American Association of State Highway and Transportation Officials(AASHTO). A Policy on Geometric Design of Highways and Streets. Washington, DC: AASHTO, 2001.

[55] Federal Highway Administration(FHWA). Manual on Uniform Traffic Control Devices. Washington, DC: U. S. Department of Transportation(USDOT), FHWA, 2003.

[56] Kirschbaum, J. B., P. W. Axelson, P. E. Longmuir, K. M. Mispagel, J. A. Stein, and D. A. Yamada. Designing Sidewalks and Trails for Access, Part II of II: Best Practices Design Guide. Report No. FHWA-EP-01-127. Washington, DC: USDOT, FHWA, September 2001.

[57] Zegeer, C. V., C. Seiderman, P. Lagerway, M. Cynecki, M. Ronkin, and R. Schneider. Pedestrian Facilities Users Guide-Providing Safety and Mobility. Report No. FHWA-RD-01-102. Washington, DC: USDOT, FHWA, 2002.

[58] Transportation Research Board(TRB). Highway Capacity Manual 2000. Washington, DC: TRB, National Research Council (NRC), 2000.

[59] Federal Highway Administration. Signalized Intersection: Information Guide[M]. Philadelphia: the Research and Technology Report Center, 2002.

[60] FHWA. Selecting Roadway Design Treatments to Accommodate Bicycles. Report No. FHWA-RD-92-073. Washington, DC: USDOT, FHWA, January 1994.

[61] Bureau of Transportation Statistics(www.bts.gov), 2001.

[62] National Center for Statistics and Analysis(NCSA). Pedestrian Roadway Fatalities. USDOT, NCSA, April 2003.

[63] Leaf, W. A., and D. F. Preusser. Literature Review on Vehicle Travel Speeds and Pedestrian Injuries. Report No. DOT – HS – 809 – 021. Washington, DC: USDOT, NHTSA, October 1999.

[64] Florida Department of Transportation, Florida Pedestrian Planning and Design Handbook, April 1999.

[65] Taoka, G. T. "Statistical Evaluation of Brake Reaction Time," Compendium of Technical Papers, 52nd Annual Meeting of ITE, Chicago, IL, pp. 30 36, August 1982.

[66] Hooper, K. and McGee, H. "Driver Perception – Reaction Time: Are Revisions to Current Specification Values in Order?" Transportation Research Record 904, 1983:21-30.

[67] NHTSA. Traffic Safety Facts 2001: Pedalcyclists. http://www-nrd. nhtsa. dot. gov/pdf/nrd – 30/ncsa/tsf2001/2001pedal.pdf,2001.

[68] FHWA. Injuries to Pedestrians and Bicyclists: An Analysis Based on Hospital Emergency Department Data. Report No. FHWA-RD-99-078. Washington,DC: USDOT, FHWA,1999.

[69] FHWA. Pedestrian and Bicycle Crash Types of the Early 1990s. Report No. FHWA-RD-95-163. Washington, DC: US-DOT, FHWA, 1995.

[70] Tomlinson, D. "Conflicts between cyclists and motorists in Toronto, Canada." Presented at Vélo Mondial 2000, The Versatile Approach, Amsterdam, The Netherlands, June 19-22,2000. http://www. velomondial. net/velomondiall2000/.

[71] Neuman, T. R. NCHRP Report 279: Intersection Channelization Design Guide. National Cooperative Highway Research Program (NCHRP), TRB, NRC. Washington, DC: National Academy Press, 1985.

[72] Ho, G; and S. Hemsing. "A Review of Motor Vehicle – Bicycle Collisions in British Columbia." ITE Joint Conference, 1997.

[73] 赵吉山,肖贵平. 铁路运输安全管理[M]. 北京:中国铁道出版社,2005:17-18.

[74] 王海星,申金升. 基于 TCT 的平面交叉口安全评价研究[J].

中国安全科学学报,2005,5(15):101-104.

[75] 翟忠民.道路交通组织优化[M].北京:人民交通出版社,2005:18-19.

[76] Hideo YAMANAKA, Tetsuo MITANI. vehicle behavioral safety assessment for unsignalized small intersections to evaluate collision avoidance system[J]. Journal of Eastern Asia Society for Transportation Studies,2005(6):2667-2675.

[77] 成卫.城市交通冲突技术理论与应用[M].北京:科学出版社,2006:31-32.

[78] Moser A, Steffan H, Kasanicky G. The Pedestrian Model in PC-Crash-The Introduction of a Multi Bo@ System and its Validation [c]. SAE Paper,1999.

[79] Koornstra MK, ed. Transport safety performance in the EU. Brussels, European Transport Safety Council, Transport Acci dent Statistics Working Party,2003.

[80] Bicycle Helmet Use Laws. Traffic Safety Facts. April 2004.

[81] 吴平.瑞典规定少年儿童驾驶自行车须戴头盔.新华网 http://news. sina. com. cn/w/zoo4 1510/21342498017s. shtml, 2004-05-10.

[82] Elizabeth Towner. "Bicycle helmets: review of effectiveness", November 2002:14-16.

[83] Frederick P Rivara. "Bicycle helmets: it's time to use them", BMJ, Volume321-28 October 2000:1055.

[84] 刘吉.侧面碰撞等9项汽车安全强制性国家标准近期出台[N].新京报,2005.10-10(5).

[85] 刘向.德国:治理交通违规和培养守法意识并举[N].新华社柏林6月13日专电.

[86] 北京市公安局公安交通管理局.赴境外考察报告汇编之八——交通政策法规.

[87] 孔宪信.道路交通安全法释义与运用[M].北京:中国人民公

安大学出版社,2004:7.
[88] 王利明,杨立新.侵权行为法[M].北京:法律出版社,1996:27.
[89] 路峰,等.交通事故防治工程[M].北京:警官教育出版社,1998:3.
[90] 于敏.机动车损害赔偿责任与过失相抵[M].北京:法律出版社,2005:138.
[91] 段里仁.道路交通事故概论[M].北京:中国人民公安大学出版社,1997:6-8.
[92] 于敏.机动车损害赔偿责任与过失相抵[M].北京:法律出版社,2005:14.
[93] 香港特区政府运输署.道路使用者守则.2000:1-30.
[94] AkÇelik,R. and M. Besley. aaSIDRA User Guide. Greythorn,Victoria,Australia: AkÇelik &Associates Pty Ltd. ,February 2002.
[95] Washington State Department of Transportation(WSDOT). Local Agency Safety Management System. Olympia, WA: WSDOT, September 2000.
[96] Peterson,B. E. ,A. Hansson, and K. L. Bang. CAPCAL-2-Model Description of Intersection with Signal Control. Borlänge, Sweden: Swedish National Road Administration, 1995.
[97] 于敏.机动车损害赔偿责任与过失相抵[M].北京:法律出版社,2005:287-289.